电能替代

典型案例集 2020

国家电网有限公司市场营销部◎编

农业领域

图书在版编目（CIP）数据

电能替代典型案例集 2020. 4，农业领域 / 国家电网有限公司市场营销部编. —北京：中国电力出版社，2021.1

ISBN 978-7-5198-5353-2

Ⅰ. ①电… Ⅱ. ①国… Ⅲ. ①农业项目–节能–案例–中国 Ⅳ. ①TM92

中国版本图书馆 CIP 数据核字（2021）第 025361 号

出版发行：中国电力出版社
地　　址：北京市东城区北京站西街 19 号（邮政编码 100005）
网　　址：http://www.cepp.sgcc.com.cn
责任编辑：杨敏群　孙世通　孟花林（010-63412531）
责任校对：黄　蓓　常燕昆　朱丽芳
装帧设计：张俊霞
责任印制：钱兴根

印　　刷：三河市万龙印装有限公司
版　　次：2021 年 1 月第一版
印　　次：2021 年 1 月北京第一次印刷
开　　本：787 毫米×1092 毫米　16 开本
印　　张：31.5
字　　数：670 千字
定　　价：110.00 元（全 5 册）

本书编委会

主　　编 李　明

副主编 刘继东

委　　员 王　昊　张兴华　覃　剑

编写人员（按姓氏笔画排序）

丁　胜　万　鹏　马　超　马美秀　王　莹　成　岭

华　隽　刘　冲　刘　畅　刘　政　刘　博　刘　蕾

江　城　阮文骏　孙贝贝　李　斌　李树谦　李索宇

李海周　杨岑玉　吴　怡　何　为　张　凯　张　然

张　薇　苗　博　周博滔　郑元杰　赵　骞　饶　尧

桂俊平　钱宇轩　倪　杰　徐丁吉　徐桂芝　高照远

唐　亮　葛安同　程　元　雷明明　薛一鸣

习近平总书记提出中国二氧化碳排放力争于2030年前达到峰值，努力争取2060年前实现碳中和，标志着中国能源转型进入新的发展阶段。面对“碳达峰、碳中和”新目标，进一步深入实施电能替代，提高能源消费端电气化水平，对于推动能源消费革命、落实国家能源战略、促进能源清洁化发展和节能减排意义重大。国家电网有限公司近年来大力实施电能替代，在供给侧推行清洁替代、在消费侧实施以电代煤（油），累计实施电能替代项目31万个，完成替代电量8678亿千瓦时，推动电能占终端能源消费比重提高了2.8个百分点，减少碳排放2.5亿吨以上，为促进社会节能减排、改善大气环境做出积极贡献。

为进一步加强电能替代技术交流与经验分享，指导帮助基层一线人员拓展电能替代广度深度，国家电网有限公司营销部组织各省公司认真总结电能替代实践经验，编写了《电能替代典型案例集2020》系列丛书。本丛书共分5册，分别为《电能替代典型案例集2020　工业领域》《电能替代典型案例集2020　建筑供冷供暖领域》《电能替代典型案例集2020　交通运输领域》《电能替代典型案例集2020　农业领域》《电能替代典型案例集2020　电力供应与消费领域》。丛书编写得到了国网河北、冀北、江苏、安徽、河南、四川等省电力公司，南瑞集团、国网综能服务集团，中国电科院、联研院等单位的大力支持。

本丛书案例来源于近两年各省电力公司推动实施的典型优秀项目，经过专家层层筛选，最终收录到丛书中，力求为电能替代工作人员提供借鉴、参考。

限于编者水平，书中难免存在不妥或疏漏之处，恳请广大读者批评指正。

编　者

2020年12月

目录

案例 1
河北省巨鹿县金银花电烘干项目

一、项目基本情况

河北省巨鹿县金银花种植历史悠久，有河北“金银花之乡”的称号，种有金银花 87 平方千米，年产优质干花 1.4 万吨，占全国总产量的 60%以上，已成为全国最大的金银花种植区和集散地。全县培育了金银花深加工龙头企业 20 多家，年加工金银花 1000 吨，每年带动农民增收 3 亿元，金银花成为巨鹿县的“致富花”。

国网巨鹿供电公司围绕县域经济特色金银花产业做文章，以实施电能替代发展绿色农业为主线，发动政企农联动，推出金银花烘干机租赁项目，带动金银花烘干加工向高效、节能、清洁转变。

二、技术方案

1. 方案比较

金银花加工主要指采摘花蕾，晒干或烘烤形成干花。

方案一：传统燃煤加热烘干。优点：造价低，适合小作坊操作。缺点：使用煤炭原料，污染环境，不符合环境治理要求；工艺粗糙（煤炭烘干金银花成品含硫量高，大大降低了金银花有效成分含量）；产量低，加工所需时间长，效率低。

方案二：电热烘干机烘干。优点：环保无污染，满足国家环保治理的工作要求，社会效益较高；有效成分含量高，最大程度地保留了中草药的药用成分，且产品干净、卫生，可以满足深加工需要；节约生产成本，生产效率高。缺点：成本高，市场烘干设备质量参差不齐。

电烘干机外部与内部如图 1、图 2 所示。

随着金银花价格提高，农户种植金银花意愿增加，金银花烘干需求也逐年增加，对金银花品质要求越来越高。使用电烘干设备改变了传统人工定时加煤、翻盘、测温、测湿的作业模式，使用电脑控制能够一键成型，不会出现因人为控制煤量烤坏花的情况，成品率达到 100%。综合各项技术及产品质量标准，选择方案二。

针对市场高品质烘干机成本高这一市场现状，国网巨鹿供电公司促成政府推出金银花烘干机租赁项目，利用县域整合资金，在 86 个贫困村内推广节能环保型果蔬烘干机，以提高全县烘干加工能力，扩大烘干机加工覆盖面，使干花加工更加便捷高效，让农户不出村、不出乡便能满足加工需求，从而在降低加工成本、提升金银花整体品质的同时，又能进一步提高生产积极性，且产生的租赁收益还可直接惠及贫困户。

图 1　电烘干机外部

图 2　电烘干机内部

2. 方案简述

国网巨鹿供电公司结合县委县政府扶贫攻坚工作部署，争取政府扶贫资金 1546 万元用于购买 260 台（总功率 8616 千瓦）电热烘干机，低价租赁给企业、合作社、加工户，用于金银花烘干加工。

金银花烘干机等设备采购项目表、电热烘干机参数及预算见表 1、表 2。

表 1　金银花烘干机等设备采购项目表

序号	类型	规格	数量（台）	单价（万元）	金额（万元）	小计（万元）
1	电热烘干机	15 ~ 18 立方米	53	3.5	185.5	1546
2		30 ~ 35 立方米	197	6.5	1280.5	
3		40 ~ 50 立方米	10	8	80	
4	热泵烘干机	30 帕/2500 千克	3	23.5	70.5	138.5
5	中型全自动杀青机	5 千瓦水蒸气热源	1	8	8	
6	全自动天然气锅炉	WNS 型/6 吨	1	60	60	
合　计			265	109.5	1684.5	

表 2　　电热烘干机参数及预算

容积（立方米）	15～18	30～35	40～50
总功率（千瓦）	≤32	≤40	≤50
风量（万立方米/小时）	≥1.5	≥2.5	≥3.5
循环风机（台）	≥3	≥3	≥4
排潮风机（套）	≥2	≥2	≥2
温度范围	常温～100℃		
湿度范围	8%～95%		
加热方式	电加热		
控制方式	温湿度等自动控制		
工作电压（伏）	380		
箱体材质	内外表皮采用彩钢或不锈钢等金属材质；内部填充物采用岩棉、聚氨酯板和阻燃可发性聚苯乙烯（EPS）板等。坚固耐用、防腐蚀		
预算单价（万元/台）	3.5	6.5	8
数量（台）	53	197	10
小计（万元）	185.5	1280.5	80

三、项目实施及运营

1. 投资模式及项目建设

结合县委县政府扶贫攻坚工作部署，争取政府扶贫资金 2346 万元。其中 1546 万元财政资金用于购买 260 台（总功率 8616 千瓦）电热烘干机，租赁给企业、合作社、加工户，用于金银花烘干加工；800 万元财政资金支持项目落地，新增 62 台专用变压器（见图 3），39 户低压接入，惠及 10 个乡镇 72 个村。国网巨鹿供电公司投入电网改造资金 110 万，用于 10 千伏配套电网改造升级，打造花农发家致富的“高速路”。

图 3　新增变压器

2. 项目实施流程

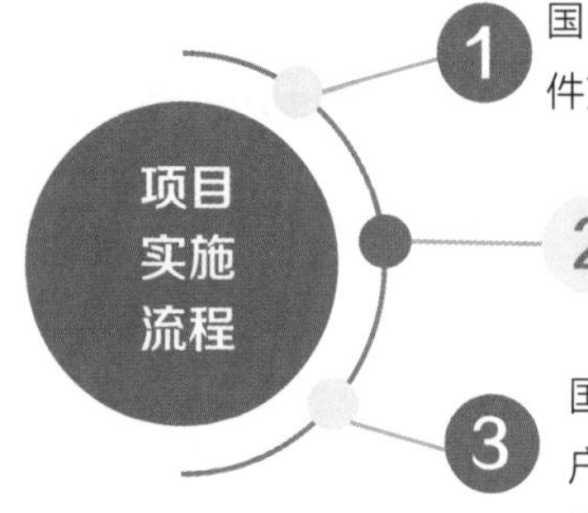

1. 国网巨鹿供电公司建立电能替代专项工作机制，并结合当地政府文件支持，主动开展市场调研，定位潜力用户。
2. 国网河北综合能源公司开展技术上门服务工作，对潜力用户现场勘查，并制定用能建议方案。
3. 国网巨鹿供电公司主动对接用户，为用户优化供电方案，确定用户改造意愿后，加快开展业扩报装、设备安装、调试、投运等工作，完成替代方案实施。

四、项目效益分析

1. 经济效益分析

以 35.74 千瓦中型烘干设备为例进行说明。设备无需购置，零投入，较燃煤烘干烤房减少建设投入 2 万元。

电烘干设备每天运行 18 小时，平均运行功率均为 21 千瓦，每月运行 20 天，月产量 2000 千克，电量约 0.76 万千瓦时，按金银花 3.5 个月的采摘加工期，年耗电量 2.66 万千瓦时，按目前电价，电费为 0.81 万元，此外，电烘干设备租赁费为 0.38 万元，人工成本为 0.5 万元。而使用燃煤烘干达到相同产量每天须运行 21 小时，整个加工期需耗煤 8.4 吨，费用为 1.16 万元。使用电烘干较燃煤烘干节省费用 0.35 万元，作业效率提升 10%。

综合来看，花季加工期间，一台电烘干设备较燃煤烘干每年可减少投资和运行成本共计 1.97 万元。本项目共计投入小型设备（20.46 千瓦）53 台、中型设备（35.74 千瓦）197 台、大型设备（49.05 千瓦）10 台，预计用户较使用燃煤烘干可实现年增收 480 万元。

金银花产季约为 3.5～4 个月，在金银花休眠期，租赁设备也不会闲置，可用于电烘干菊花、枸杞、红枣等其他中药农作物，进一步稀释了设备租赁费用，提升了设备使用率。

2. 社会效益分析

1　提高生产效能

电烘干技术替代了原有的燃煤烘干，环保无污染。节省人力物力，加工的产品质量高，可大批量加工，生产效率高。

2　提升产品品质

电热烘干机烘烤金银花保留了物料的原有药性，满足深加工需求。

3　提升资源利用率

电热烘干机设备带动了枸杞、菊花等其他中草药的种植及初加工产业的发展。

保护生态环境

项目投入运行后，每年可减少煤炭使用 96 吨，减少二氧化碳排放量 249 吨，减少二氧化硫排放量 0.82 吨，减少氮氧化物排放量 0.71 吨，有效改善了农村空气质量。该项目惠及 1242 户贫困户，预计每户平均年增收 1080 元。既助力了乡村振兴，又助推了环保和电能替代技术的应用。

五、推广建议

1. 经验总结

项目主要亮点

（1）分析县域农业经济发展特点，争取政策支持，依托扶贫政策，推动政府落实金银花电热烘干机租赁项目。

（2）以当地支柱性农业为经济发展依托，抓准环境保护治理攻坚要求，推出相应符合实际需求的电能替代产品。

（3）建立重点项目电力保障机制。密切跟踪项目实施进展情况，提供阳光供电服务。对受限台区，进行线路和台区改造，保证租赁户设备按期投运。

注意事项及完善建议

项目有专用变压器投入，下一步可与综合能源公司合作将部分专用变压器纳入综合能源管理范畴，提供高效变压器租赁，推行“供电+综合能效”服务。

2. 推广策略建议

1 提炼推广的适用条件

形成一定规模的农业经济产品种植业，以获得政府政策、经济等方面的支持。加工农产品多为初加工，适合在农村推广使用，产品上下游销售市场成熟更有助于推广。

2 明确推广目标用户市场

该项目有效带动巨鹿县及周边县域农产品烘干业电烘干设备的投入使用，电烘干设备也适用于烘干菊花、大枣、蒲公英等其他中草药。巨鹿县依托金银花种植加工，出台招商引资优惠条件，培育金银花茶、饮品、药剂含片等 20 多家深加工企业产业化发展，产品畅销国内外市场，金银花为巨鹿人开辟了一条发家致富之路。

3 提出推广策略建议

河北多农业生产县，应结合各县农业发展特点，找准规模特色农业，推动政府出台相关政策支持，深挖用户需求，在农业生产领域推广电能替代技术，打造自己的品牌亮点。

案例 2
安徽省金寨县全电制茶项目

一、项目基本情况

安徽省金寨县产茶历史悠久，自古是名茶圣地，是全国十大名茶“六安瓜片”的原产地，同时制茶也是金寨县的经济支柱产业。金寨南水村某茶厂茶季期间日均生产“六安瓜片”茶叶 500 千克，全年产茶 20 吨，原有制茶采用炭火烘干、人工翻炒。柴炭制茶在制茶过程中会产生烟灰、废气等有害物质，不仅严重污染周边生态环境，也影响了茶叶的品质。在对理条、揉捻、烘干等生产过程进行“柴炭改电、全电制茶”改造后，不仅使茶厂生产环境得到有效改善，制茶收益、产茶品质也均有大幅提升，达到了制茶产业与环境保护相互促进、和谐发展的目的。

二、技术方案

1. 方案比较

方案一：柴炭制茶。优点：柴炭制茶设备前期购置价格较低。缺点：污染环境，柴炭燃烧时产生粉尘、二氧化硫等有害气体；人力成本投入大，需要专人负责。产品质量低，温度及火候难以控制，加工出来的茶叶色泽差、香气低。

方案二：燃气制茶。优点：能源密度高、能源终端价格适中。缺点：安全性低，因天然气管网铺设问题，只能通过购买液化天然气的方式进行茶叶加工，存在安全隐患；天然气供需市场不稳定，受上游燃气价格波动等因素影响。

方案三：全电制茶。优点：零污染、零排放，能够实现温度的精准控制，茶叶受热均匀，产茶品质稳定，便于大规模生产。缺点：前期配套电力设施及电制茶设备一次性投资较高。

柴炭制茶、燃气制茶、全电制茶多维度分析雷达对比图如图 1 所示。通过多维度分析雷达对比图可知，全电制茶在环保性、安全性、稳定性、易用性、符合国家政策五个方面优势较为突出。作为中大型茶叶加工企业，经过多方比较，该企业最终确定以全电制茶作为项目实施的最终方案。

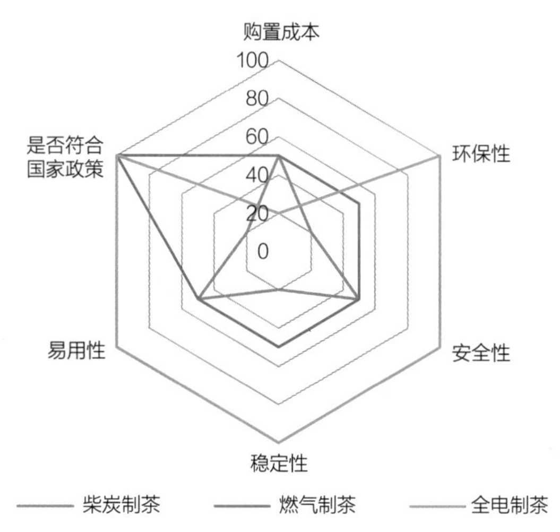

图 1　柴炭制茶、燃气制茶、全电制茶多维度分析雷达对比图

2. 方案简述

该茶厂新替换全电制茶设备 21 台，其中茶叶滚筒杀青机 2 台、连续式茶叶理条机 7 台、茶叶揉捻机 3 台、程控连续式茶叶烘干机 5 台、转筒瓜片茶专用烘焙机 4 台，全电制茶设备清单见表 1。该茶厂新增用电负荷约 300 千瓦，配置一台 400 千伏安配电变压器。制茶厂内部环境如图 2 所示。

表 1　全电制茶设备清单

序号	名称	型号	规　　格	数量（台）
1	茶叶滚筒杀青机	6CST-80	电压等级 220 伏；功率 1.4 千瓦	2
2	连续式茶叶理条机	6CL-12300XD	电压等级 380 伏；电机功率 1.5 千瓦；外形尺寸 3700×2055×1550 立方毫米	7
3	茶叶揉捻机	6CR-55	电压等级 220 伏；功率 2.2 千瓦	3
4	程控连续式茶叶烘干机	加热元件：电热丝	电压等级 220 伏；额定功率 0.6 千瓦+25 千瓦；最高工作温度 135 摄氏度；台时产量 40～50 千克/小时；电耗率小于 1.8 千瓦时/千克	5
5	转筒瓜片茶烘焙机	6CHZT-0.5	电压等级 220 伏；电机功率 0.8 千瓦；转筒容积 35 千克	4

图 2　制茶厂内部环境

三、项目实施及运营

1. 投资模式及项目建设

该项目配电部分及电制茶设备由企业投资建设、自主运营。其中电制茶设备购置金额 48.8 万元，享受安徽省农业机械补贴 7.2 万元，设备购置实际投入金额 41.6 万元，配套电力设施及电制茶设备合计投入成本约 51 万元。

2. 项目实施流程

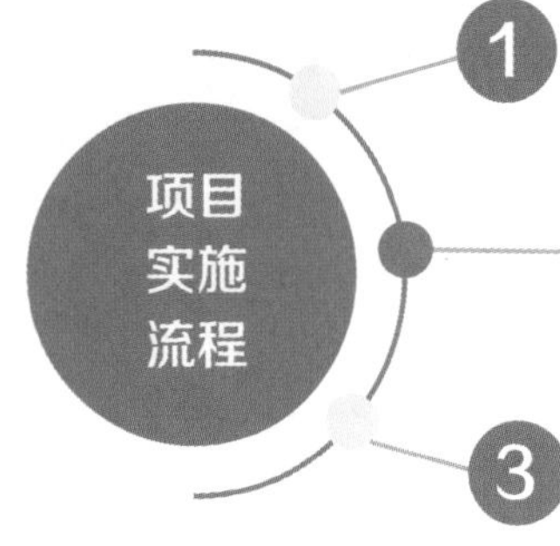

1. 供电公司建立电能替代专项工作机制，并结合当地政府文件支持，主动开展市场调研，定位潜力用户。
2. 综合能源公司开展技术上门服务工作，对潜力用户现场勘查，并制定用能建议方案。
3. 供电公司主动对接用户，为用户优化供电方案，确定用户改造意愿后，加快开展业扩报装、设备安装、调试、投运等工作，完成替代方案实施。

四、项目效益分析

1. 经济效益分析

该茶厂购置电制茶设备及配套电力设施总投资 51 万元。全年生产“六安瓜片”2 万千克，与柴炭制茶比较，采用电制茶进行茶叶杀青、烘干等，可节约成本约 2.4 元/千克，每年可节约用能成本约 4.8 万元。

在制茶各环节，采用柴炭制茶原先需要 4 人倒班生产，改用电制茶后只需 2 人轮班，每年可节省用工成本约 3.6 万元。

电制茶由于能够保证成品茶品质稳定如一。和炭制茶相比，全年成品茶可增加销售收入 20 万～30 万元。

采用电制茶后茶厂每年可直接增加经济收入 28.4 万～38.4 万元，约 2 年可收回前期投资成本。

2. 社会效益分析

该茶厂每年制茶季期间替代电量约 8 万千瓦时，减少煤炭使用量 32 吨，可减少二氧化碳排放量 830 吨、二氧化硫排放量 0.27 吨、氮氧化物排放量 0.24 吨，不仅响应了政府节能减排、保卫蓝天行动的决策部署，而且对助力乡村振兴、服务地方经济发展也起到了促进作用。

五、推广建议

1. 经验总结

项目主要亮点

电制茶设备操作方便且流水作业品质有保障，电制茶工艺作为茶叶生产领域的技术革新，摒弃了传统制茶业环境不友好，手工制茶产量低下、品质不稳定的弊端，极大地提高了茶农、茶厂的制茶效率和效益，同时对以金寨县大别山区茶乡、绿色、健康等为主题的旅游及相关产业的发展起到了积极的推动作用。

注意事项及完善建议

（1）电制茶设备初期投资成本较高，且一般需要增设专用变压器或将原有变压器增容，增加了用户内部受电设施改造成本，建议可结合综合能源服务采用合同能源管理、经营性租赁等方式参与项目的实施及运营。

（2）制茶季集中在每年的 3~5 月，主要集中在郊区及山区，因此应在制茶季加强电力线路巡视、巡查及在线负荷监测，全力保障茶农安全稳定用电。

2. 推广策略建议

电制茶主要应用于茶叶粗制、精制，重点在中小茶叶生产企业和茶农中普遍推广，应以茶叶种植、生产区域为推广对象。

（1）建议制茶企业的电制茶设备优先采用低压供电，从周边公用变压器接入，减少茶农的前期投资。

（2）积极对接地方政府主管部门，建议将属地范围内零散茶农集中起来成立制茶合作社，把制茶合作社作为电制茶替代主要潜力用户，向制茶合作社推广电制茶设备，将周边分散茶农集中到合作社制茶。

案例 3
江西省宁都县电烤烟项目

一、项目基本情况

江西省赣州市宁都县为全国优质烤烟生产潜力区，现有烤烟房 1000 座，分散在各个种烟自然村。传统烤烟主要使用燃煤进行烘烤，每烤一炉烟大概要消耗 850～950 个煤球，每个煤球重约 1 千克，每个烤烟季每个烤房要烤烟 7～8 炉，全县所有的烤房烤烟季共计耗煤 6800～7600 吨，煤炭价格约为 850 元/吨，全县烤烟能源消耗费用约为 600 万元。燃煤烤烟房存在环境污染大、烟叶烘烤质量不均衡、自动化程度低、劳动强度大、劳动环境差等缺点。

国网宁都供电公司积极响应政府号召，助力烤烟特色生态农业，推广以电代煤的电烤烟，开展电烤烟经济性分析，深入各烤烟基地进行宣传推广，通过建设示范项目，以点带面，充分调动烤烟厂商电能替代积极性。目前全县已完成 4 个地区烤烟房煤改电改造，不仅实现了改善环境、减少污染，还提高了烟叶的产量和质量，实现了环境与经济的双赢，加快了全县的扶贫开发速度。

二、技术方案

1. 方案比较

烤烟方式主要有燃煤锅炉、生物质锅炉、空气源高温热泵电烤烟三种。

方案一：燃煤锅炉烤烟。优点：设备前期投入成本低。缺点：煤球烤烟成本较高，单价为 2.5 元/千克，且产生氮氧化物等有毒物质。

方案二：生物质锅炉烤烟。优点：减排效益较燃煤锅炉有了很大改善，解决了环境污染问题；改造成本低廉、改造时间短。缺点：可靠性、便捷性不够，需要人工添加燃料，自动化程度不高，烘烤成本与燃煤锅炉相差不大，仅有略微减少，没有明显降低农民生产成本。

方案三：空气源高温热泵电烤烟。优点：以电力为能源，烤烟成本较低，单价约为

1.6 元/千克，清洁环保、无污染，全自动化烘烤，烟叶烘烤品质更高，大幅度降低生产成本。缺点：改造成本相对生物质锅炉虽有大幅增加，但后期运行成本与生物质锅炉持平。

不同技术方案比较见表 1。

表1　　　　不同技术方案比较

序号	比较依据	燃煤锅炉烤烟	生物质锅炉烤烟	空气源高温热泵电烤烟
1	经济性	优	优	优
2	可靠性	一般	一般	优
3	安全性	一般	一般	优
4	便捷性	一般	一般	优
5	减排效益	差	一般	优
6	产品质量	一般	一般	优

2. 实施方案简介

空气源高温热泵电烤烟加热系统由压缩机、冷凝器、蒸发器、膨胀阀组成。空气源高温热泵的工作原理是利用逆卡诺原理，以极少的电能吸收空气中大量的低温热能，通过压缩机的压缩将其变为高温热能，具有节能高效的优点。空气源高温热泵运行时，蒸发器从空气中的环境热能中吸收热量以蒸发传热工质，工质蒸汽经压缩机压缩后压力和温度上升形成高温蒸汽，高温蒸汽通过冷凝器冷凝成液体释放给空气介质，冷凝后的传热工质通过膨胀阀返回到蒸发器后再被蒸发，如此循环往复。

空气源高温热泵工作原理图如图 1 所示。

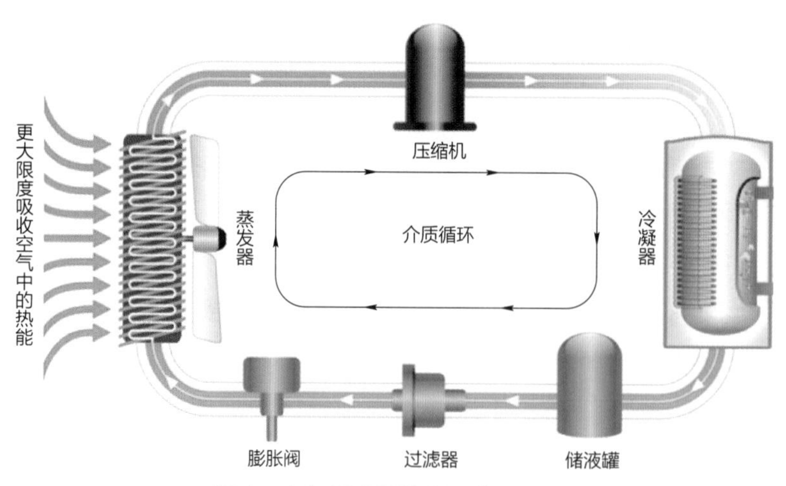

图 1　空气源高温热泵工作原理图

通过空气源高温热泵产生的热量通过循环风机从送风口送进烘房内，从回风口回来的低温空气和空气源高温热泵产生的高温空气混合后再次被送进烘房内，待烘房内湿度达到各阶段设定值时，自动打开补新风阀门和排湿阀门，直到烟叶烘干。电烤烟房工作示意图如图 2 所示。

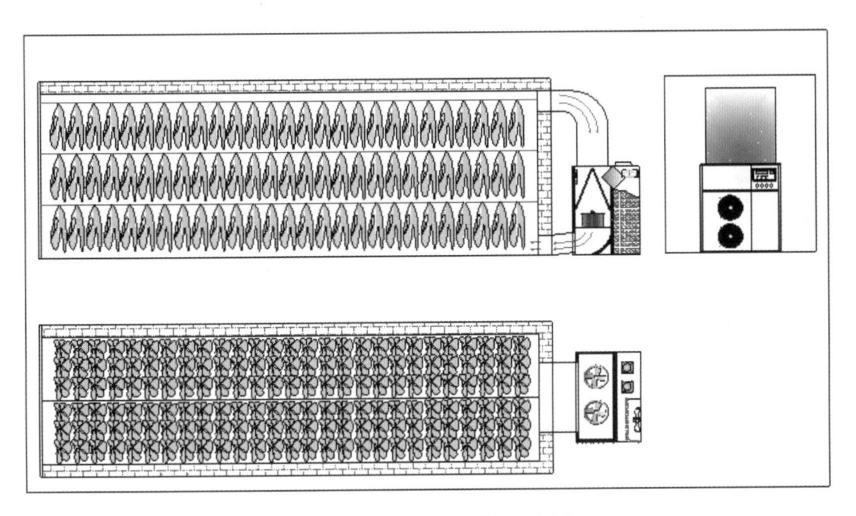

图 2　电烤烟房工作示意图

三、项目实施及运营

1. 投资模式及项目建设

该项目是由当地政府全额财政拨款进行的农业生产“煤改电”节能减排试点项目，由政府投资建设。项目改造验收完成交付当地烟叶合作社使用和管理，每次烤烟节省的燃料成本和由于采用先进的全自动化设备烤烟后提高了干烟品质而增加的收益全部归烟农所有。

具体项目建设情况如下：

（1）配套电网建设情况。国网宁都供电公司从 10 千伏配电变压器低压侧接入 0.4 千伏电源，新增用电容量 270 千瓦。将电源引至电烤烟房低压隔离开关，再从配电侧分路供至热泵接线端子箱。

（2）项目主体投资情况。项目由政府出资，项目总投资 18 万元，国网宁都供电公司积极对接当地工业和信息化委员会、环境保护局、质量技术监督局等政府部门，依据当地政府发布文件支持，促成该项目的建设运营。项目投入使用后，年增加收益约为 4 万元。

2. 项目实施流程

该项目由当地烟草办公室负责具体实施，通过公开招标方式确定供应商，国网宁都供电公司配合建设。

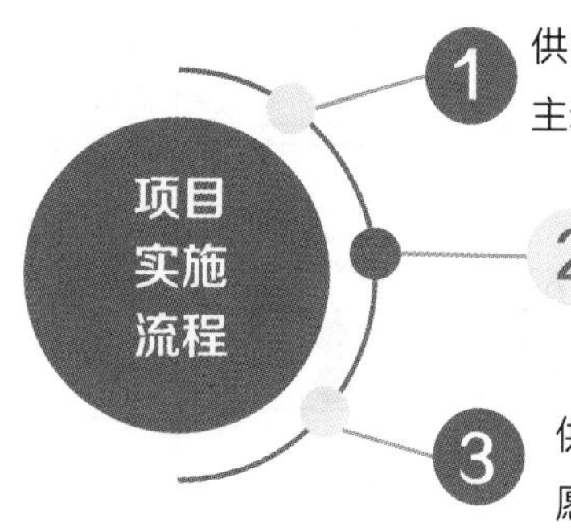

供电公司建立电能替代专项工作机制，并结合当地政府文件支持，主动开展市场调研，定位潜力用户。

综合能源公司开展技术上门服务工作，对潜力用户现场勘查，并制定用能建议方案。

供电公司主动对接用户，为用户优化供电方案，确定用户改造意愿后，加快开展业扩报装、设备安装、调试、投运等工作，完成替代方案实施。

四、项目效益分析

1. 经济效益分析

电烤烟房的实际使用寿命为 10～15 年。通过方案比较可以确定，减去 25% 的政府设备投资补贴后，投资回收期约为 4.5 年。从根本上改进烤烟工艺以后，一方面降低了用人成本，另一方面提高了生产质量。电烤烟烘烤过程中，温湿度更容易控制，烤出上等烟叶的比例大幅提升，进一步增加了烟农的收入。经济效益分析见表 2。

表 2　　经 济 效 益 分 析

项目	空气源高温热泵电烤烟
改造成本（元）	50 000～55 000
改造工期（天）	3
使用寿命（年）	10～15
运行成本	1.6 元/千克干烟
干烟品质提高（相对燃煤）	提高 0.5 级
年烤烟增加收益（元）	约 10 000
投资回收周期（年）	约 4.5

2. 社会效益分析

根据国家能源局公布的数据，每燃烧 1 吨标准煤会产生 2.6 吨二氧化碳、8.5 千克二氧化硫、7.4 千克氮氧化物。每个燃煤烤烟房一个烤烟季要烤 7 ~ 8 炉烟，每烤一炉烟约需消耗 0.9 吨煤，而每个电烤烟房每烤一炉烟约需消耗电量 0.7 万千瓦时，宁都县目前已建成电烤烟房 4 个，年替代电量约为 19 万千瓦时。预计每年可减少煤炭使用量 84 吨，减少二氧化碳、二氧化硫、氮氧化合物排放量分别为 218 吨、0.71 吨、0.62 吨。综合来看，采用电烤烟工艺，不仅能减少大量有害物质的排放，减少环境污染，同时也能避免烘烤过程中火灾、工作人员中毒等现象的发生。

五、推广建议

1. 经验总结

项目主要亮点

（1）解决安全生产问题，从根本上解决烤烟过程中烟叶中毒问题。

（2）原有燃烧系统及配备的柴油发电机完整保留，彻底解决停电造成的损失。

（3）节能减排效果良好，具有很好的社会效益。

（4）产量增加，农民增收，具有很好的经济效益。

（5）在当前人工成本费用上涨的情况下，可以大量节约人工成本，使种烟更加轻松。

注意事项及完善建议

（1）项目实施过程中要注意电能供应是否满足项目需求，输电线路是否安全可靠，加强农民用电安全意识。设备不使用期间要妥善保护，防止老鼠撕咬和做窝，防止设备配件被偷窃。

（2）应充分了解、熟悉国家的各项节能减排和惠农政策，利用各地各项补贴减少农户资金投入，积极获取政府政策引导和资金支持。

2. 推广策略建议

（1）提炼推广的适用条件。热泵烘干机广泛应用于南方地区各种农副产品及农产品加工领域，烟叶、蓆草、食用菌、白莲等是江西省较多的产业产物，加工小作坊随处可见。其中，100 千瓦以上规模的草（竹）席厂有 300 多家，此类用户均可作为推广对象。

（2）明确推广目标用户市场。由于烤烟房所有权不归农户，而是归烟叶合作社或烟草公司，农户只有使用权，要进行“煤改电”工作必须有烟草相关部门允许和配合，需从省级政府和烟草部门寻求政策和资金支持，促进相关部门出台具有针对性的电能替代改造配套政策，以降低用户建设、改造成本，提高用户参与的积极性。

（3）提出推广策略建议。为推广电能替代项目实施，可侧重完善以下几个方面：

1）简化业扩流程及项目投资补贴。通过与厂商、小作坊（农户）合作等方式，建立战略合作机制，共同推进电能替代，给予企业项目新建、改造投资补贴或者其他惠农优惠政策，鼓励企业小作坊（农户）进行设备改造。

2）实施电能替代项目专项优惠电价。在深入分析的基础上，促请政府出台有关电能改造的电价优惠政策，激励用户参与电能替代。

3）对电能替代项目给予经济方面的扶持。促请政府出台电能替代项目贷款支持政策，缓解小微企业投资改造压力。

4）试点先行，有序推广。按照先试先行的原则，重点帮助意向企业、小作坊（农户）先进行电能替代改造，助力企业、小作坊（农户）取得实质性的效果，起到推广宣传的作用。每年制定相关的电能替代计划，有序推进电能替代、节能减排等工作的深入开展。

5）注重引导宣传，推动政府出台更为严格的环保政策。政府、供电公司应充分开展“共产党员服务队、用户经理进万家”活动，做到广而告之。充分运用媒体、宣传栏等宣传方式，大力普及环境保护的重要性并推广新工艺、新设备，宣传相关优惠政策，调动生产厂商、小作坊（农户）实施电能替代的积极性。

案例 4
四川省广元市集中烟叶烤房电烤烟项目

一、项目基本情况

四川省广元市剑阁县普安镇剑坪村集中烟叶烤房群共有烤烟房 50 间，原采用燃煤烘烤方式，污染严重。为积极响应国家“节能减排”政策号召，实施“科技兴烟、质量兴烟”的战略方针，顺应低害烟叶（有机烟叶）生产技术、无公害生产技术的发展趋势，对剑坪村集中烟叶烤烟房群实施电烤烟技术改造。该电烤烟项目以品质稳定、节能增效、低排放轻污染的电烤烟技术替代原有品质不稳定、损耗大、有毒害气体排放量大的煤烤烟工艺，以达到节能环保、减工降本、提质增效的目的。

二、技术方案

1. 方案比较

方案一：空气源高温热泵电烤烟。优点：节能环保，设备能效高。缺点：无法利用现有烤烟房设备进行改造使用，前期投入及运行费用较高。

方案二：管道传输热水到烤烟房利用风机散热电烤烟。优点：节能环保，设备使用简单，能利用现有烤房设备，前期投入及运行费用低。缺点：无法进行预热回收，造成部分热量流失，影响电能利用效率。

由于用户需利用现有烤烟设备进行改造使用，因此选择方案二管道传输热水到烤烟房利用风机散热电烤烟。

2. 方案简述

由 10 千伏专用线路将高压电送入集中式烤烟房厂区配电房内，经高压进线柜、计量柜、出线柜后进入一台 3150 千伏安的变压器（见图 1）。400 伏低压电经低压进线柜至电锅炉电源柜，送至 4 台 700 千瓦的电锅炉及附属水泵（见图 2）。厂区内设有 4 个热水箱（见图 3），与 4 台电锅炉一一对应，水箱中的水经一次循环水泵进入电锅炉内加热后回到水箱，待水箱中水温达 90 摄氏度后，经二次循环水泵进入烤烟房供应热水。

图 1　变压器

图 2　电锅炉及附属水泵

图 3　热水箱

三、项目实施及运营

1. 投资模式及项目建设

该项目由国网四川省综合能源公司负责投资建设及后期运行维护管理，采用电烤烟房替代燃煤烤房群，综合考虑投资成本、场地面积等因素，选择配置电磁式锅炉。同时，为确保断电后烤房温度稳定，配置热水箱和柴油发电机组。国网四川省综合能源公司通过收取烤烟的能源费用来支付电费、运维及投资成本。

2. 项目实施流程

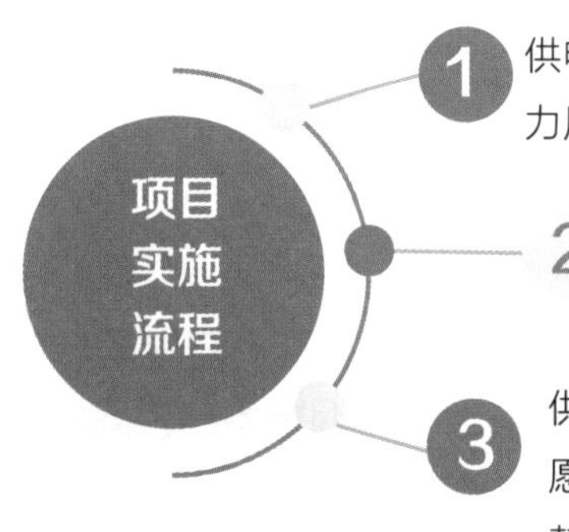

1. 供电公司建立电能替代专项工作机制，主动开展市场调研，定位潜力用户。
2. 综合能源公司开展技术上门服务工作，对潜力用户现场勘查，并制定用能建议方案。
3. 供电公司主动对接用户，为用户优化供电方案，确定用户改造意愿后，加快开展业扩报装、设备安装、调试、投运等工作，完成替代方案实施。

四、项目效益分析

1. 经济效益分析

该项目通过市场化交易的方式执行电能替代电价政策，无基本电费且输配电价按单一输配电价 0.105 元/千瓦时（含线损）执行，到户电价不高于 0.35 元/千瓦时，每烤一方烟将为烟农节约 100～200 元的烤烟成本。

项目投入运行后，预计每年替代电量约 90 万千瓦时，大幅减少了燃煤使用量。同时，由于烟叶初烤属于季节性生产，烤烟周期为每年的 7～9 月（丰水期），该项目可有效消纳省内富裕水电，减少弃水量，提高电网经济效益。

2. 社会效益分析

电烤烟在有效减少烟叶中有害物质成分，提升烟叶品质的同时可降低烟农的烤烟成本，增加烟农收入，改善烟农的生活水平，助力烟农脱贫致富。该项目充分发挥了电能作为清洁能源的优势，有效减少了大气污染，助力四川省打赢“蓝天保卫战”。

五、推广建议

1. 经验总结

项目主要亮点

四川省广元市剑阁县普安镇剑坪村集中烟叶烤房群采用电烤烟技术，不仅降低了烟农的烤烟成本，助力烟农脱贫致富，而且有效减少了烟叶中有害物质的成分，提升了烟叶的品质。

注意事项及完善建议

（1）为进一步提高烟叶烘烤的稳定性，建议配套安装储热罐，在锅炉发生临时故障时可利用储热罐中的热水短期代替锅炉为烤烟房供热，多维度确保烟叶烘烤品质。

（2）为推动烟农装烟卸烟便捷化，烤烟房建设高度不宜过高，以减轻烟叶烘烤作业的劳动强度。

（3）烟草烘干过程中有大量湿热空气被排出，将带走很大一部分热量，建议安装余热回收装置，将这部分热量进行回收利用，以提高整个烘烤过程中的电能利用效率。

（4）建议采用远程控制系统，对设备的运行进行远程全天候监控和调整，降低人工成本。

2. 推广策略建议

（1）烟叶烘烤季节一般为 7～9 月，烤烟房使用功能单一，烟叶烘干作业完成之后，烘干设备基本处于闲置状态，设备利用率较低。针对这一情况，建议将烟草烘干系统拓展应用于香菇、鲜花等农作物及其他食品、药材的烘干领域。

（2）充分利用集中式烤烟房现有设备，投入低成本开展电烤烟房的改造。

案例 5
重庆市江津区花椒空气源热泵电烘干项目

一、项目基本情况

重庆市江津区油溪镇石羊村种植和加工花椒农户较多，采摘后大多采用煤炭烘干，由于江津区政府逐年加强空气污染治理，政府统一了花椒采摘时间，号召加工农户改用清洁能源烘干花椒。国网江津供电公司主动向政府汇报电能替代技术在农业生产加工领域的应用，之后由政府主导，国网江津供电公司与空气源热泵电烘干设备厂家一起在油溪镇大力宣传和推广全自动空气源热泵电烘干设备，给予用户电价政策支持。鼓励农户使用空气源热泵电烘干花椒，通过多方努力，江津区已有多家加工农户采用空气源热泵设备烘干花椒，不仅改善了农户自身的加工环境，而且减少了人工干预，采用空气源热泵电烘干设备烤制的花椒品质更好，生产效率及市场利润均有提高。该案例以其中一户花椒加工企业为例，着重介绍空气源热泵电烘干项目实施及运营情况。

二、技术方案

1. 方案比较（以单灶烤一万斤花椒进行对比）

方案一：燃煤烘干。优点：初期投资低。缺点：用能成本较高，烤制一灶花椒的用能及人工成本为 1200 元，成本较高，且环境污染大。

方案二：纯电阻发热元件烘干。优点：与全自动空气源热泵烘干设备相比，初装费用较低、设备占用空间相对较小。缺点：用电报装容量更大，烘干花椒品质不理想，单灶烘干时间相对较长。

方案三：空气源热泵电烘干。优点：节能环保，符合各级政府对空气治理的要求；花椒烘干品质较好，市场经济效益相对较高，提高加工农户的收入；降低用人成本，空气源热泵电烘干无需专人看管，减少了人力投入；用能成本最低，烤制一灶的能源成本为 423 元，相比燃煤节约成本 777 元，后期设备维护也有厂家培训和指导。缺点：初装成本略高。

用户对以上方案进行比较，积极响应政府空气污染治理号召，基于能源使用成本及后期回收利润的考虑，最终选择方案三空气源热泵电烘干。

2. 方案简述

（1）内部设备设施方案。该企业委托设计施工单位进行改造设计和施工。根据花椒加工规模该项目采用 2 台空气源热泵电烘干设备（含配套风机），主机（含风机）最大用电功率合计 52.5 千瓦，修建 5 米 ×2 米烘池 4 个。

（2）供电接入方案。国网江津供电公司油溪供电营业所了解该企业用电需求后，立即组织人员到用电现场进行方案勘查。经现场查看，该台区变压器容量 100 千伏安已经接近满载，不能满足增加电烘干花椒设备接入的用电需求，经向上级汇报后，决定换大容量变压器，同时改造低压线路 380 米至用户用电地点，新装三相四线计量装置一套，企业对该方案表示非常满意，同时加快自身项目的施工安装。

三、项目实施及运营

1. 投资模式及项目建设

该项目花椒烘干设备实施及改造由企业自主投资运营，外部低压供电电源改造及三相四线计量装置新装由国网江津供电公司负责实施。

2. 项目实施流程

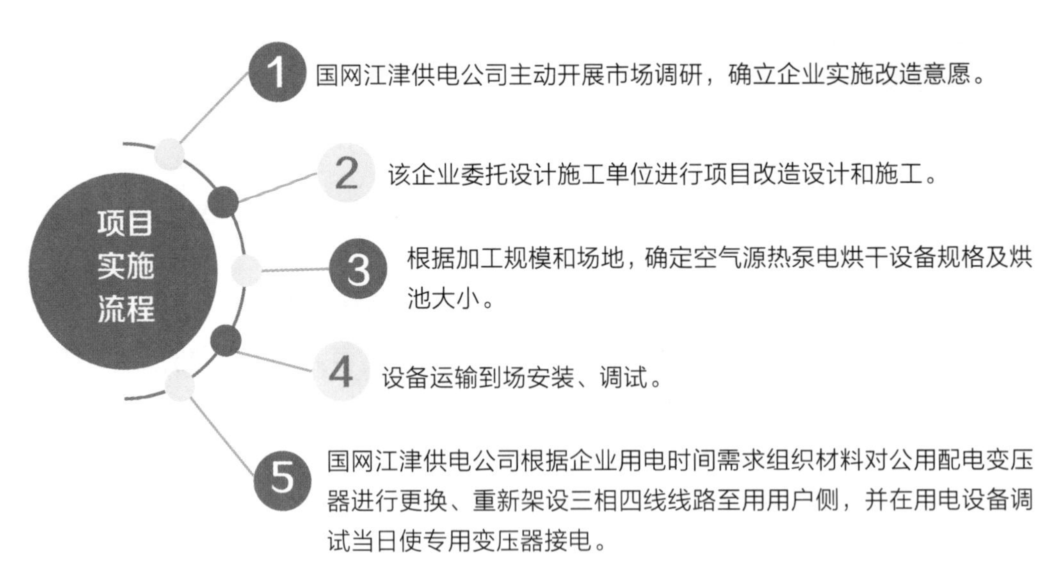

空气源热泵电烘干设备、烘池、新架三相四线线路、专用变压器如图 1～图 4 所示。

图 1　空气源热泵电烘干设备

图 2　烘池

图 3　新架三相四线线路

图 4　专用变压器

四、项目效益分析

1. 经济效益分析

该项目由企业自主投资 10.5 万元。每年可烘干花椒 75 吨，得到干花椒 15 吨。由于花椒品质好，在市场上比采用燃煤和非空气源热泵电烘干设备烘干的花椒每斤多卖 2.6 元，直接增加经济效益 7 万元。另外通过改造，每灶节约成本 777 元，每烘干 30 灶，可节约成本 2 万元。

2. 社会效益分析

空气源热泵电烘干花椒项目的投入使用，不仅提高了电能替代的推广进程，同时也减少了环境污染，该项目每年可减少燃煤使用 16 吨，相当于每年减少二氧化碳排放量 41.6 吨、二氧化硫排放量 0.14 吨、氮氧化物排放量 0.12 吨。

五、推广建议

1. 经验总结

项目主要亮点

（1）国网江津供电公司主动向油溪镇政府汇报花椒加工报装用电中的一些问题，促成由镇政府牵头，供电公司、空气源热泵花椒电烘干设备厂家参与的使用清洁能源和节能设备进行花椒烘干的介绍会，旨在推广节能设备在花椒种植加工农户中的使用。

（2）采用更节能的空气源热泵电烘干设备后，经济效益和社会效益得到稳步提升。

注意事项及完善建议

（1）江津区相关职能部门对空气能烘干设备暂时没有补贴政策。

（2）10 千伏配电变压器台区大多需要改造。

（3）需要进一步完善的工作思路：加快电网规划布局，及时纳入中远期规划考虑，从根本上解决江津区花椒种植与加工地区电源点不足问题。

2. 推广策略建议

江津区花椒种植与加工产业共涉及 18 个场镇，种植面积 370 平方千米。特别是 2020 年，江津区农委组织乡镇召开相关会议，要求统一花椒采摘时间，并要求在烘干能源使用方面有条件的应以电代煤，其余要逐步进行替代，并主持发布了江津 2020 年花椒收购倡议书。2020 年 6 月 19 日，江津区经信委出台了电烘干花椒的相关文件，并组织花椒质量监管宣传动员会，大力宣传电烘干技术。

针对之后的电能替代推广应用，需要注意以下几个方面：

（1）供电公司主动对接区农委，推动空气源热泵电烘干技术补贴支持政策的出台，了解政府对花椒加工的相关工作安排，听取农委对业扩报装用电的意见和建议。

（2）与空气源热泵电烘干设备生产厂家达成战略合作。

（3）具体到花椒种植与加工的主要场镇，由镇政府牵头，组织召开政府、供电公司、厂家参加的电烘干设备介绍与推广会，使广大种植加工农户逐渐了解并接受该项加工技术的应用。

（4）积极发挥各个供电所市场前端网格化台区负责人优势，结合用电需求进行推广。

案例 6
重庆市永川区电制茶技术项目

一、项目基本情况

重庆市永川区某茶业公司位于茶山竹海街道竹海村，依托茶山竹海旅游景区，建成茶旅休闲游胜地，该企业自有茶园面积达 1 平方千米，其中投产茶园面积达 0.47 平方千米，400 平方米的温室大棚 1 个，拥有连续化针形名优茶生产线及乌龙茶、袋泡茶、优质大宗绿茶生产线各一条，该公司目前已形成三大自主产品系列，主营产品畅销市场。

在进行设备改造前，该公司的制茶工艺工序烦琐，生产制造出的茶叶品质不高，每年需要煤炭 20 吨以上，且该公司位于重庆市永川区茶山竹海旅游景区，燃煤制茶对景区环境污染较大。此外，环保部门也提出更高的环保要求，要求大气污染物排放等不达标的企业进行改造或者关停。

国网永川供电公司全力推广“以电代煤、以电代气、以电代油”的能源消费新模式，通过技术推介，促进企业进行电能替代方案改造，电制茶技术可大幅度提高生产效率及产品质量，同时也可使企业的人工成本与运输费用得到释放。该公司响应政府号召，积极配合环境保护工作，为今后的长足发展打下了坚实基础。

二、技术方案

1. 方案比较

方案一：燃煤烘干。优点：初期投资低。缺点：燃煤使用及运输成本较高，且环境污染大；燃煤烘干制茶工艺烦琐，制茶中温度、火候都难以控制，生产茶叶品质不高。

方案二：空气源热泵电烘干。优点：节能环保，符合各级政府对空气治理的要求；空气源热泵电烘干制茶的茶叶品质较好；减少制茶工序，降低人工成本；用能成本降低，煤炭费用较高，可有效降低用能成本。缺点：初装成本略高。

该公司位于茶山竹海旅游景区，旅游景区对生态、环境保护要求高。电能是高效、方便的清洁能源，使用电能进行制茶完全无污染，可保证工作人员身体健康、保护周边生态环境，对节能减排有重要的促进作用。另外，通过在终端使用电能进行精确控制，可优化生产流程与科学把控品质。由于温度可控可调且升降迅速，从冷锅到投叶只需 2 分钟（煤、柴灶需 20 分钟左右），因此茶叶的质量得到极大提升，同时为下一步扩大规模化生产提供有利条件。同时，国网永川供电公司大力实施农网改造建设，有效保障偏远的茶厂线路全覆盖。综合考虑该公司选择方案二。

2. 方案简述

利用电气化及数字化控制技术，构建制茶各环节的有机集成，实现制茶专家技术的有效应用，确保产品质量的一致性、稳定性和安全性。通过揉茶机、杀青机、烘干机等电制茶机械的引入，实现温度的自动检测与自动控制，实现制茶的电能替代。烘干机恒温及风量控制电气线路示意图、杀青机温控电气线路示意图分别如图 1、图 2 所示。

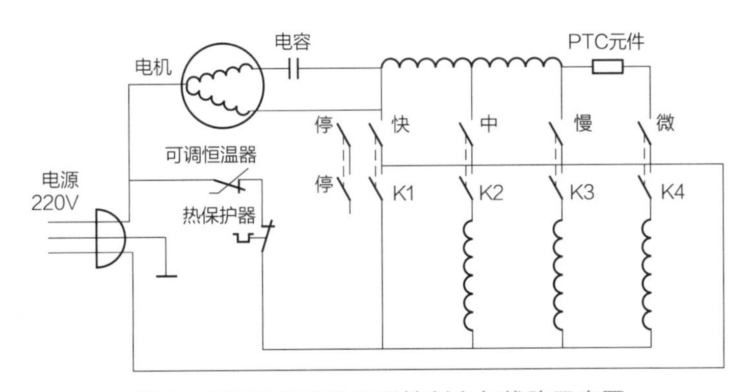

图 1　烘干机恒温及风量控制电气线路示意图

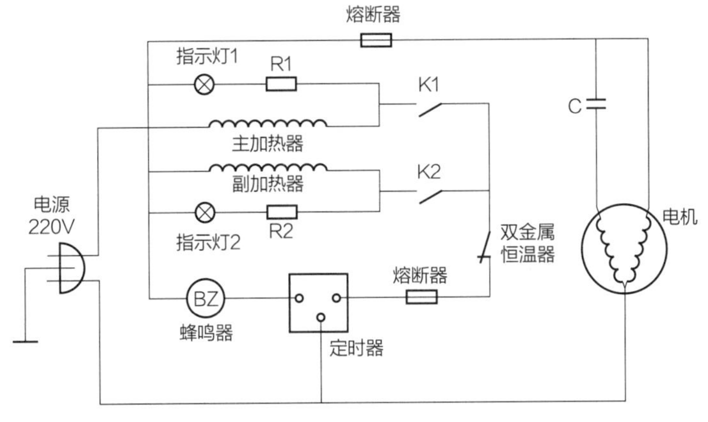

图 2　杀青机温控电气线路示意图

三、项目实施及运营

1. 投资模式及项目建设

（1）项目投资模式为企业自主投资。该企业根据生产流程和工艺要求，选择自行投资建设。

（2）项目初投资、运行费用、经济效益（收益率、静态回收期等）。项目外部需要安装断路器一台，施放 10 千伏电缆一条及安装 315 千伏安箱式变压器一台等电气设备，需要改造电制茶等设备 5 套。

1）电气部分建设投资：25 万元。

2）用户侧电制茶设备建设投资：60 万元。向政府申报农机购置补贴机具补贴，其中茶叶杀青机补贴 1800 元/台，揉捻机 1200 元/台，茶叶炒（烘）干机 3700 元/套。

3）静态回收期为 1 年。

2. 项目实施流程

国网永川供电公司坚持“调研排查、政策分析、技术支撑、全力推进”的工作思路，充分发挥公司内外部整体合力，建立电能替代协同工作机制，扎实开展市场调研、努力探索政企合作方式，“零距离”打造技术推广服务。

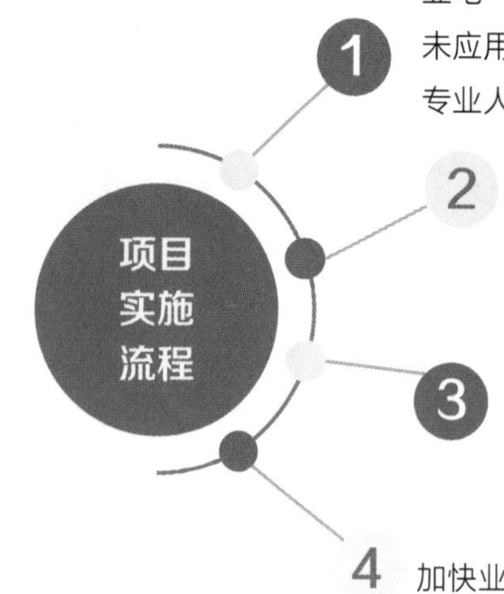

协同技术推广，定位潜在用户。一是用电检查专业人员在现场对企业电气设备运行状态进行安全检查时，逐个排查企业现有设备，尚未应用电能替代的设备可更换为电能替代设备等。二是市场、业扩专业人员主动上门摸底，掌握企业初步意向。

技术力量上门服务。国网重庆节能服务公司现场查勘，推广电制茶电能替代技术。在使用前容量测算、能效诊断的基础上，制定了具体的用能建议方案。

用户意向跟踪。通过跟踪发现，该公司在决策前反复对比燃气与电能的优劣，多次递交方案变更申请。国网永川供电公司业扩报装人员主动上门提供优化供电方案，解决企业使用电能替代设备的后顾之忧。

加快业扩报装流程。该公司明确采用电能替代技术后，业扩报装人员跟踪设备进场、设备验收、设备安装、调试与试运行、验收及装表接电全过程，加快替代实施。

项目实施流程图如图 3 所示。

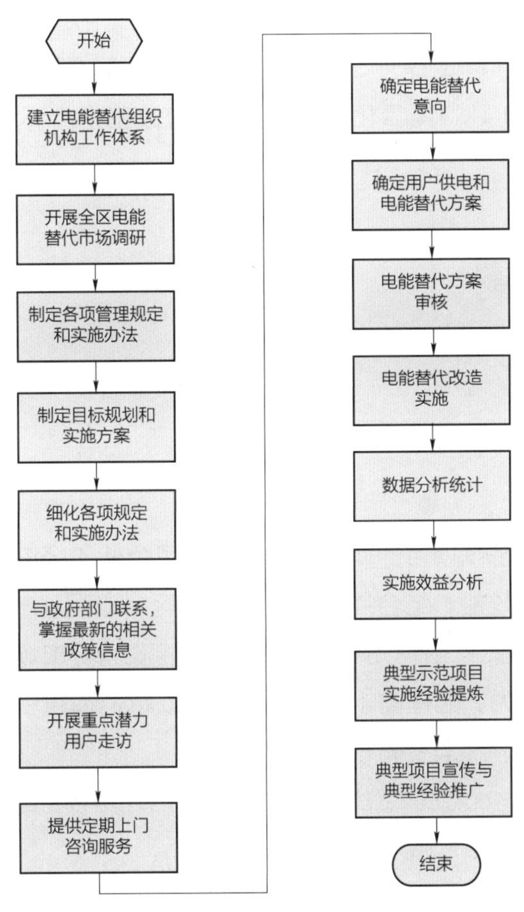

图 3　项目实施流程图

四、项目效益分析

1. 经济效益分析

改造后该企业减少生产工人 5 人，即减少年工人工资 16 万元；减少煤炭采购 20 吨，按 450 元/吨计算，减少煤炭采购成本 0.9 万元，减少运输成本 0.5 万元，共减少生产成本 17.4 万元。电制茶设备提升了产品质量，产品单价提高 20%，按照去年销售额 2145 万元计算，可增加销售额 429 万元。企业 2018 年每月用电量约为 3 万千瓦时，电费 2.5 万元，按此测算，企业全年产生电量约 36 万千瓦时，电费 30 万，去年电费成本 19.2 万元，电费支出同比增加 10.8 万元。

综上，企业每年可节约成本 6.6 万元，销售额同比增加 429 万元。

2. 社会效益分析

工业每燃烧 1 吨标准煤产生二氧化碳 2.6 吨、二氧化硫 8.5 千克、氮氧化物 7.4 千克。改造后，该企业年产量提升 3 倍，每年减少煤用量 60 吨，则每年减排二氧化碳 156 吨、二氧化硫 0.51 吨、氮氧化物 0.44 吨，在改善生产环境和质量的同时减少了环境污染。

五、推广建议

1. 经验总结

项目主要亮点

该制茶公司电能替代项目的实施，一是增加了企业的经济效益，提高了企业的产量；二是提升环保效益，结合属地茶山竹海景区，满足了节能环保的需求。

为全面推进电能替代工作，发掘和拓展终端能源消费市场电能比重，国网永川供电公司通过主动作为，把握需求，强化协同，以示范项目引领，全力推广“以电代煤、以电代油”的能源消费新模式。

（1）精准定位潜力行业。结合当前政策导向，明确电能替代方向，重点行业进行突破性推广，为提高推广成功率打下基础。

（2）重点用户专项争取。依托营销相关专业，在业扩报装、用电检查、抄表收费等业务环节收集潜力用户信息，提前掌握生产设备主要以煤、油为燃料的企业信息，技术力量人员超前洽谈引导、推介电能替代技术。

（3）综合营销专业优势。将电能替代业务融入业扩报装营销业务流程，为用户开通“一条龙”绿色服务通道，提高工作效率，从报装到送电 20 天完成，及早体现电能替代技术优势。

注意事项及完善建议

项目实施、运维过程中需有确保流程正常运行的人力资源，并配以有效的绩效考核与控制。对项目提升需要给予相应的激励机制，并提高新技术的开发能力，弥补市场开拓人员积极性不足的问题。

国网重庆综合能源公司等相关公司可以与国网永川供电公司市场开拓人员一同走访用户，提前了解用户电能替代需求，并为用户提供相关咨询。这种模式不仅能为用户提供优质的服务，而且能指导和提高国网永川供电公司市场开拓人员的技能水平。

2. 推广策略建议

该公司是某制茶品牌的主要生产商之一，该电能替代项目对永川制茶产业打造绿色化产业有着良好的示范作用与推广意义。

下一步，国网永川供电公司将进一步探索电能替代协同机制，开展针对重点企业的"一户一策"市场调研，并从政府、用户两方面发力，为其"以电代煤、以电代气、以电代油"提供决策参考。结合本案例的成功经验，加强媒体宣传，结合制茶品牌打造的需求，联系属地媒体，撰写文章报道，扩大宣传范围。此外，国网永川供电公司将重点针对其他制茶企业进行电制茶推广，同时针对永川区内其他农业项目进行走访调研，提出改造计划，丰富国网永川供电公司电能替代技术种类，实现电能替代工作的可持续发展。

案例 7
河北省三河市食品冷链物流示范性项目（冀北）

一、项目基本情况

河北某食品股份有限公司位于三河市燕郊经济开发区，是国家农业产业化重点龙头企业，也是河北省最大的养殖畜牧业企业之一，主要从事肉牛养殖、肉牛屠宰、肉食品加工等业务。

企业原采用直燃型溴化锂机组制冷，制冷成本高、燃气泄漏风险大、碳排放对环境污染严重等问题成为制约企业发展的瓶颈，如何有效降低企业生产成本，保障大批量肉牛高质量、高效率屠宰、加工和保鲜工艺成为影响企业食品加工产业链稳健发展的关键。

国网廊坊供电公司积极为企业舒困解惑，适时推荐用户采用冷水机组进行制冷，企业经过多方考察、方案比选后决定新安装一台冷水机组替代原有直燃性溴化锂机。经过一段时间的稳定运行后，企业对改造后的使用效果进行考察，企业年制冷成本与之前相比降低 35%，企业生产和销售规模扩大 20%，企业的经营规模和经济效益显著增加。

二、技术方案

1. 方案比较

方案一：直燃型溴化锂机组制冷。优点：电力容量需求小。缺点：机组运行效率较低，天然气价格较高，运行成本较高，机组寿命一般低于 15 年，设备检修率高，存在燃气断供风险，存在爆燃、燃气泄漏等运行风险，存在碳排放污染等环境问题。

方案二：螺杆制冷并联机组制冷。优点：机组性能优越，运行效率较高，运行成本较低；设备运行稳定性较高，寿命长，维护费用低；检修率较低，安全性较高，无环保风险；先进的 PLC 控制，支持远程监控；机组结构紧凑，占地面积小。缺点：需要有足够的电力容量。

企业主营牛肉加工，对于产品生产、加工、存储过程中的质量要求很高。综合考虑制冷系统运行稳定性、安全性、经济性、环保性等因素，选择方案二螺杆制冷并联机组制冷。

2. 方案简述

企业新安装一台螺杆式冷水机组，额定功率 600 千瓦，额定制冷量 2050 千瓦，冷水机组的温度控制范围为-60～0 摄氏度。机组通过经济、高效的制冷，为屠宰、加工、速冻、冷藏等各加工车间与存储库房提供冷源。

企业在生产加工的排酸库、速冻库、冷鲜库设置温度感应末端，通过实时监测排酸库、速冻库、冷鲜库等环节的温度动态调节机组的功率，保障肉食品加工、运输、冷藏的全流程采用完整的冷藏物流链。螺杆式冷水机组外形及工作原理分别如图 1、图 2 所示。

图 1　螺杆式冷水机组外形

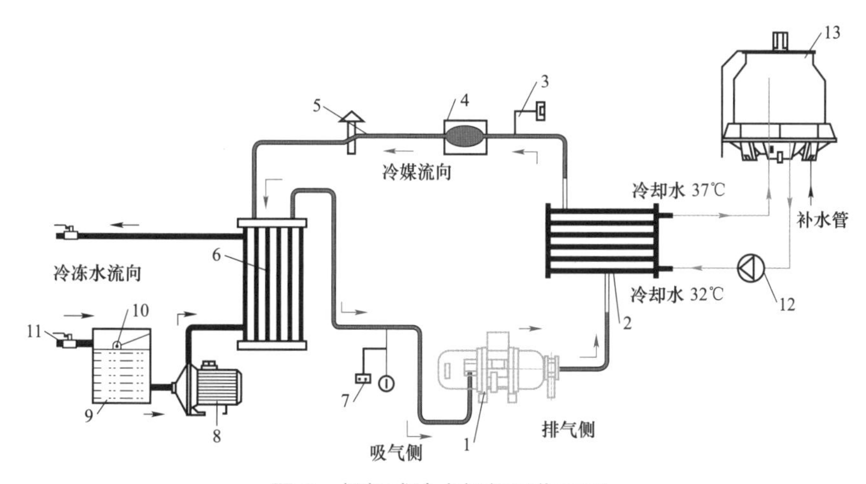

图 2　螺杆式冷水机组工作原理

1—螺杆压缩机；2—冷凝器；3—高压控制器；4—干燥过滤器；5—膨胀阀；6—蒸发器；7—低压控制器；8—水泵；9—水箱；10—浮球开关；11—球心阀；12—冷却水泵；13—冷却水塔

活体牛从企业养殖基地由专门车辆运输到屠宰场，经检疫合格静养 12 小时后，进入屠宰车间进行屠宰。屠宰后的牛肉进入 3 个保鲜库排酸。排酸冷鲜肉如图 3 所示。

图 3　排酸冷鲜肉

保鲜库可容纳 180 头牛，通过调节冷水机组出力和管道流量，可将冷气传导到保鲜库，确保将温度严格控制在 0～4 摄氏度，低温制作过程可以避免微生物对肉质的污染。除保鲜的肉外，其余的肉类送入 3 个速冻库，速冻库总面积 750 平方米，温度设定-40 摄氏度。肉类经过速冻后入 4 个冷藏库，冷藏库总面积 1000 平方米，常年温度设定-20 摄氏度。

企业厂区的货物库存是 1750 吨，冷藏运输采用冷藏车物流模式，公司配置 12 辆冷藏车，温度设定-16～-10 摄氏度，冷藏车采用凯利制冷机，功率 500 瓦。

三、项目实施及运营

1. 投资模式及项目建设

企业增容所需的配套电网建设部分由国网三河供电公司投资建设，企业配电设施改造、制冷系统设备及管线、冷冻冷藏库及冷藏车等由企业自主投资建设。

2. 项目实施流程

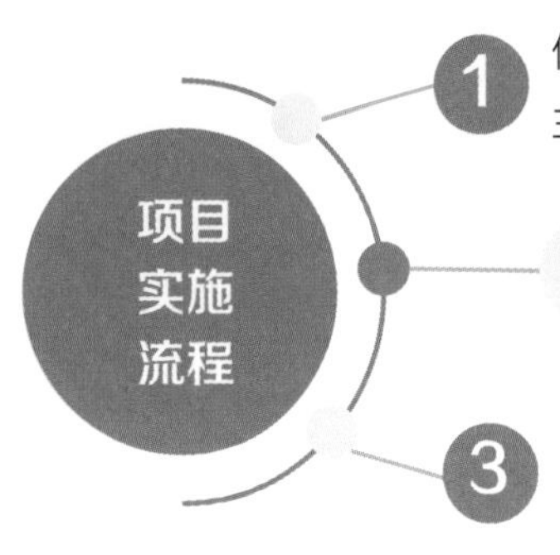

供电公司建立电能替代专项工作机制，并结合当地政府文件支持，主动开展市场调研，定位潜力用户。

综合能源公司开展技术上门服务工作，对潜力用户现场勘查，并制定用能建议方案。

供电公司主动对接用户，为用户优化供电方案，确定用户改造意愿后，根据企业需求，完成配电设备增容，用户自主完成螺杆制冷并联机组设备安装、调试、投运等工作，完成替代方案实施。

四、项目效益分析

1. 经济效益分析

该企业采用螺杆制冷并联机组制冷方案后，肉食品的生产、加工、冷藏、冷冻、储运能力进一步增强，每天出货量增加至 20 吨，有效提高了生产效率，同时产品运输过程中始终保持低温冷鲜状态，确保产品可高质量到达用户端，产品品质得到了很大的提升。企业肉类供应范围目前已辐射北京周边 120 家超市。

本方案实施后，进一步节约了设备占地面积，企业生产和销售规模扩大 20%，年用电量增加 205 万千瓦时，年制冷成本总计为 170 万元，相比改造之前天然气年费用 260 万元，成本降低 90 万元，企业的经营规模和经济效益显著增加。

2. 社会效益分析

节能减排方面

企业年用电量 261 万千瓦时，较之前天然气年耗量 86 万立方米，每年可减少二氧化碳排放量 2212 吨，减少二氧化硫、氮氧化物排放量 47 吨，具有显著的环境效益。

技术标准方面

推动企业真正实现“集中屠宰、冷链运输、冰鲜上市”，形成绿色、安全、经济、高效的全产业冷链。

五、推广建议

1. 经验总结

项目主要亮点

（1）畜牧养殖、屠宰、食品加工、配送一体化的完整产业链经营模式，采用大规模流水线式的电气化生产、加工、储存方式，极大提高了生产效率，确保食品卫生，降低企业的人力、空间成本。

（2）采用螺杆制冷并联机组制冷，确保生产、加工、储存全过程冷链的稳定性、安全性、清洁性，为食品质量提供可靠保障。

（3）国网廊坊供电公司促请中共廊坊市委办公厅出台相关文件支持，重点发展专业航空物流、专业医药冷链物流、综合仓储物流、跨境电商物流等产业领域，引入专业物流企业，打造空港综合物流枢纽。对大兴机场片区廊坊区域内冷链物流企业，争取按大工业用电标准收取电费；对冷链企业年缴纳电费达到 15 万元以上的，按 15% 的标准补贴，补贴最高不超过 20 万元；对购置专业冷链物流投资在 300 万元以上的，按不高于投资额 30%给予最高 200 万元补贴。

注意事项及完善建议

（1）注意事项。采用电制冷方式确保肉食品的生产、加工、冷藏、冷冻、储运全流程冷链温度，具有安全、方便、高效等优势，但对电网可靠性的依赖程度较高，需要依托周边良好的配电网条件，保证电网侧可以提供足够的供电容量和供电可靠性。

（2）完善建议。项目后期维护可以委托专业化的第三方公司，确保设备持续稳定高效运行。企业还可以考虑加装分布式光伏发电设备，采用“自发自用、余量上网”方式降低企业用能成本，同时降低对于电网可靠性的依赖程度。

2. 推广策略建议

（1）推广前景。随着人民生活质量的提升，医药、食品、生鲜等领域冷链物流行业需求快速增长。全电气化全产业链的生产经营模式成为未来的发展趋势，具有广阔推广前景。

（2）推广目标。对冷鲜水产、牛羊肉、牛羊乳业、高端医药领域等有冷链物流需求的行业，尤其是行业的龙头标杆企业可以推广全产业冷链模式。

（3）策略建议。针对有冷链物流需求的重点企业用户，主动上门宣传推广电气化冷链一站式解决方案，精准把握用户需求，将标准化和灵活性相结合，逐步引导用户了解、接纳、实施全电气化冷链。

案例 8
浙江省温岭市鱼鲞加工空气源热泵烘干机项目

一、项目基本情况

在浙江温岭市某鱼鲞合作社成立之前，社员们分散在松门镇各个村庄，鱼鲞加工主要通过采用燃煤烘干的方式，既不安全也不环保，同时对周边环境卫生也造成了一定的影响。后来在政府的政策要求和支持下，当地成立该合作社并集中进行鱼鲞加工生产，合作社采用空气源热泵烘干技术，烘干房内外部分别如图 1、图 2 所示。采用空气源热泵烘干技术相对于燃煤、柴油等烘干方式，具有安全环保、烘干质量可靠、厂区环境舒适等优势。

图 1　烘干房外部

图 2　烘干房内部

二、技术方案

1. 方案比较

方案一：纯电加热烘干。优点：清洁环保，投资成本较低，操作简单。缺点：耗能相对较大。

方案二：空气源热泵烘干。优点：空气源热泵烘干技术利用热力学中的逆卡诺原理工作，由电压缩机、蒸发器、加热器、膨胀阀、风机和控制器等组成“高温蒸汽热循环”，从而达到烘干鱼鲞的高效能。空气源热泵烘干技术具有能源高效利用、自动化操作、环保无污染等优势，同时也节约了大量煤炭资源。缺点：前期投资成本相对较高。

由于合作社鱼鲞加工数量大，烘干设备使用频率高，每年用电量大，因此选择方案二更加节能环保，产品烘干质量也更有保障。

2. 方案简述

该合作社共有社员一百多户，集中在松门镇苍山围塘处进行鱼鲞产品加工。由于社员各自租用厂区且加工规模存在差异，所以由社员自主投资采购空气源热泵烘干机。合作社约有空气源热泵烘干机 100 台，功率合计约 3000 千瓦，考虑设备使用同时率及检修运维等情况，合作社用电功率约 2300 千瓦，厂区配电设备容量为 5010 千伏安。

三、项目实施及运营

1. 投资模式及项目建设

该项目配电部分由合作社投资，空气源热泵项目由合作社各社员自主投资建设，合作社成员根据自身实际生产能力自行选择采购空气源热泵烘干设备规格，总投资金额共计约 1500 万元，设备由合作社成员自主运维。

2. 项目实施流程

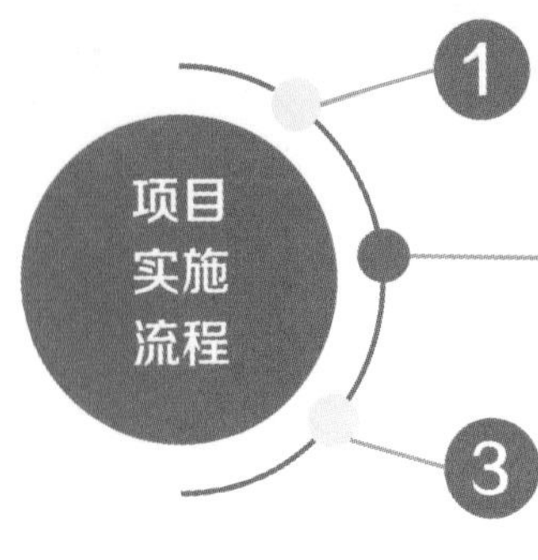

1 供电公司建立电能替代专项工作机制，主动开展市场调研，定位潜力用户。

2 综合能源公司开展技术上门服务工作，对潜力用户现场勘查，并制定用能建议方案。

3 供电公司主动对接用户，为用户优化供电方案，根据企业需求，确定空气源热泵数量和功率，完成配电设备增容，用户自主完成空气源热泵烘干设备安装、调试、投运等工作，完成替代方案实施。

四、项目效益分析

1. 经济效益分析

该合作社目前共有空气源热泵烘干机约 100 台，由于禁渔期间鱼产品数量减少的影响，生产高峰期主要在 9～12 月，淡季在 1～8 月，合作社在用能效率提升的同时可节约燃煤烘干人工值班费 200 元/人/户，也可节省堆煤空间以及环境治理费用。除此之外，热泵设备相对于燃煤锅炉运行更加稳定，降低了设备维修保养费用支出。

2. 社会效益分析

节能减排方面，预计近期该合作社年电能替代电量约为 250 万千瓦时，相当于减少燃烧 1010 吨标准煤，减少二氧化碳排放量为 2626 吨，减少二氧化硫排放量 8.6 吨，减少氮氧化合物排放量 7.5 吨。本项目的实施，在优化能源结构的同时，也为电能替代推广以及环保起到了积极的推动作用。据了解，下阶段随着新社员入驻，空气源热泵烘干设备数量将增加，远期电能替代电量将增加，将进一步促进生态环境可持续发展。

五、推广建议

1. 经验总结

项目主要亮点

温岭市松门镇地处浙江省东南沿海，海洋捕捞、海水养殖业较为发达，松门白鲞、虾仁、墨鱼干闻名遐迩，畅销中外，“松门白鲞”是浙江省温岭市松门镇的一块农业金字招牌。经过漫长时间的发展，该镇已形成生产、加工、包装和销售一体化的产业链，直接带动经济效益 4 亿元，被中国水产加工与流通协会授予“中国鱼鲞之乡”称号。

但在合作社成立之前，社员们分散在松门镇各个村庄，家庭作坊加工鱼鲞主要是以燃煤烘干为主，分散且大量使用燃煤，因此存在周边环境污染大、安全风险高、劳动负担重、烘干质量难把握、卫生条件差等问题。

松门镇政府联合国网温岭市供电公司，以电气化建设为契机，全面推广电气智能化绿色技术，将燃煤烘干机换成空气源热泵烘干机，有效地解决了燃煤引发的一系列问题，不仅清洁环保，而且进一步提升了鱼鲞等水产品的烘干质量和烘干效率，切实助力当地特色产业，实现绿色转型发展。

注意事项及完善建议

该合作社改用空气源热泵烘干机后，用电设备投资成本提高，考虑到鱼鲞加工行业具有一定季节性特点，且为多用户分散使用空气源热泵设备，因此为降低用户用电成本，寻求最实惠的用电方案，建议合理控制每一路出线的用电负荷，确保变压器合理负载运行的同时，根据负荷情况和变压器负载情况，及时办理基本电费计费方式或暂停等用电变更手续。

需提早估算空气源热泵烘干机等用电设备容量，如果需要变压器增容需及早办理增容手续，避免出现变压器超载情况。

2. 推广策略建议

（1）利用自媒体等互联网媒介进行推广宣传，利用节能周、环保活动开展宣传活动。

（2）与有类似行业的地方政府积极联系，联合政府对低小散燃煤烘干设备进行替换，一方面解决困扰政府的难题，另一方面推动清洁能源发展。

（3）针对有脱水工艺的行业，积极推广空气源热泵烘干设备，按“先点后面”推广，设立示范点，再扩大推广。

案例 9
北京市平谷区智能禽业养殖项目

一、项目基本情况

北京某禽业养殖项目位于平谷区峪口镇兴隆庄村，是一家大型现代化蛋鸡养殖基地。该项目占地面积约 0.23 平方千米，基地采用自动化喂料设备、清粪设备、通风设备等，摒弃传统人工喂养模式，真正做到蛋类品质可预测、可控制。该基地现有蛋鸡 50 余万只，日产蛋量 40 余万枚，为北京市提供坚实蛋类供应保障。养殖基地全景、基地生产鸡蛋如图 1、图 2 所示。

图 1　养殖基地全景图

图 2　基地生产鸡蛋

二、技术方案

1. 方案比较

方案一：传统人工养殖。优点：资金投入小，管理灵活，活动空间大，不易患病。缺点：养殖、生产速度慢，难以形成规模。

方案二：智能养殖。优点：养殖、生产速度快，可在人力少的情况下实现大规模养殖。缺点：投资大，技术需求高，且易出现大规模病情。

由于用户涉及规模较大，且智能养殖技术较为成熟，因此选择方案二智能养殖。

2. 方案简述

鸡场主要电气化设备功能与应用效益见表 1。

表 1　鸡场主要电气化设备功能与应用效益

设备名称	设备图片	主要功能	主要参数	应用效益
饲料投喂系统		由人工投喂改为自动喂食	共有 128 条养殖线，每条养殖线配置 0.75 千瓦电动机	可以实现精细化投喂，在保证蛋鸡营养需求的前提下，合理控制饲料投放，减少饲料浪费、节省饲料开支
清粪系统		快捷、高效清理鸡粪便	共有 128 条养殖线，每条养殖线配置 1 台 1.5 千瓦电动机	通过下方管道直接运输至鸡舍外连接至吸粪车，统一装车处理，减少环境污染，无需人工清理
通风系统		快速引进鸡舍外新鲜空气，排除鸡舍内污浊空气，迅速改善鸡舍内空气质量	共有 32 间养殖场，每间配备 8 台 1.1 千瓦电动机	可以使鸡舍内相对温度、湿度保持适宜，减少细菌、病毒等致病微生物在鸡舍内的存留，降低蛋鸡死亡率的同时提高蛋鸡产蛋率

三、项目实施及运营

1. 投资模式及项目建设

该项目由用户出资建设、自主运营。

2. 项目实施流程

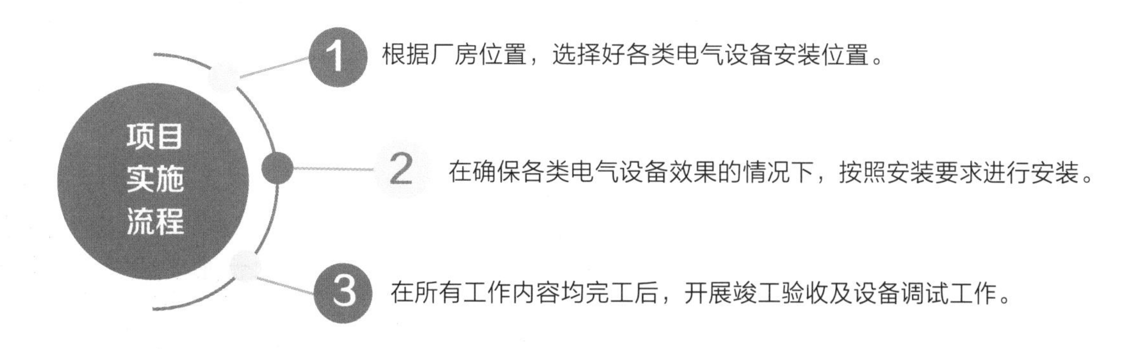

四、项目效益分析

1. 经济效益分析

该项目年用电量约 410 万千瓦时，年电费支出约 270 万元。

（1）节约成本方面，自动化设备的投用，大大节约了人工资源。园区现有工作人员较之前下降约 50%，人工成本减少约 255 万元。

（2）提升效益方面，自动化清粪设备及大功率通风设备的投用，大大提升生产间内环境状况，减小了蛋鸡患病概率，产蛋率得到明显提高。蛋鸡死亡率下降约 2%，产蛋率约提高 10%，增加收益约 750 万元。

2. 社会效益分析

该项目的建成将对蛋鸡养殖技术研发、蛋鸡养殖学术理论的发展起到促进作用。在项目自身创造显著经济效益的同时，带动周边农户致富，为农户提供专业养殖技术指导。此外，还能带动蛋类产品加工产业、蛋类产品出口业发展，为周边农户转产提供专业保障，进一步实现农业结构的调整和优化。

该项目充分结合生态系统学原理，合理布局，发展环境友好型养殖，减轻环境污染、减少病原滋生，保护鸡舍周边生态环境，实现了蛋类产品绿色、高效生产。

五、推广建议

1. 经验总结

项目主要亮点

该项目采用自动化养殖，提高蛋鸡产蛋率、节约人工成本，实现了蛋类产品绿色、高效养殖，真正做到蛋鸡行业智慧发展。同时，该禽业养殖基地曾获北京市“菜篮子”工程优级标准化生产基地，彻底解决北京市居民吃蛋难的问题，同时对电能替代推广以及环保起到了积极推动作用。

注意事项及完善建议

（1）在保障稳定性的前提下，部分设备采用新技术，降低设备成本。

（2）选用设备要具有稳定性好、噪声低、耗电量小等优点。

2. 推广策略建议

（1）组织未实施智能养殖的禽类企业走进项目内部进行参观，推荐智能养殖替代技术。

（2）对已实现部分智能养殖的企业进行宣传，推进目标企业替代深度。

案例 10 河北省张家口生态种植电气化大棚项目（冀北）

一、项目基本情况

张家口某种植公司于 2015 年 11 月筹建，占地面积 367 万平方米，注册资金 5000 万元，是集生态农业、休闲旅游、科普展示、冷链物流四位一体的农业产业化龙头企业，该企业先后被确定为张家口市农业产业化龙头企业和河北省科技型中小企业。

二、技术方案

1. 方案比较

方案一：碳晶板采暖。优点：节能环保，有益健康，耐用可靠，施工简单。缺点：造价成本高，由于碳晶电热板的发热体是平面碳晶板，其造价要稍高；运行费用较高，占用面积过大，且碳晶板不宜在过度潮湿环境使用，影响种植。

方案二：电磁变频超导加热设备。优点：把电能在金属内部转变为热能，达到加热金属的目的，从而杜绝了明火，是一种新型环保的加热方案。缺点：前期投入大且运行费用较高，耗电量大。

由于用户性质属于生态大棚，集生态农业、休闲旅游于一体，因此材料必须环保无害。采用电磁加热技术的本质是利用电磁感应在柱体内产生涡流对加热工件进行电加热，环保且无明火产生，故选择方案二电磁变频超导加热设备。

2. 方案简述

大棚实际供暖面积每平方米折合电磁变频超导功率为 50～100 瓦，单根柱体配备电磁加热设备功率为 1000 瓦/根。若安装电磁变频超导加热设备，则需要根据大棚柱体结构配备设备。以生态种植公司为例，一个大棚面积近 6000 平方米，单根柱体配备 30 根，项目共需安装用能总量为 30 千瓦。同时建立自动水培技术，量身定制水培作业流程。应用专业控制系统、自动脱轨装置，以电动机驱动，在大棚无人值守状态下，可实现自动控温。电磁变频超导加热设备、排风机如图 1、图 2 所示。

图 1　电磁变频超导加热设备

图 2　排风机

三、项目实施及运营

1. 投资模式及项目建设

该项目由用户投资建设，电磁变频超导加热设备、自动水培技术、采摘大棚电动卷帘保温等配套设备由用户出资建设、自主运营。一个电气化大棚总投资 4 万元（其中电磁加热设备 3 万元，其他自动化设备配置投资 1 万元）。该项目新增 100 千伏安变压器一台，接入一个大棚的电磁加热设备和其他自动化配置设备，采暖季期间（5 个月）增加售电量 5.2 万千瓦时，该企业共计改造电气化大棚 20 个，采暖季增售电量达 104 万千瓦时。

2. 项目实施流程

项目实施流程

1 供电公司建立电能替代专项工作机制，主动开展市场调研，定位潜力用户，并制定用能建议方案。

2 供电公司主动对接用户，为用户优化供电方案，根据大棚建造结构，选择安装位置，同时对自动水培作业流程及大棚电动卷帘进行设计。

3 用户确定电磁加热设备数量和功率，自主完成设备安装、调试、投运等工作，完成替代方案实施。

四、项目效益分析

1. 经济效益分析

一个电气化大棚供暖用能负荷为 30 千瓦，执行农业生产电价 0.3124 元/千瓦时，冬季供暖期间（5 个月）的电费共计约为 1.63 万元，另承包费用约为 0.6 万元/年（采暖期约为 0.3 万元/年）、人工及其他成本 3.5 万元/年（采暖期约为 1.75 万元/年），采暖期费用总计 3.68 万元。大棚年产值可达 17 万元，采暖期利润 8.5 万元，则采暖期盈利 4.83 万元。

从投资情况、经济效益等方面综合分析：

（1）如不计配套电源投资，单个大棚每年能够达到的经济收益为 4.83 万元，静态投资回收期 1 年。

（2）如计算配套电源投资（专用变压器投资 13 万元），单个大棚每年能够达到的经济收益为 4.83 万元，静态投资回收期 4 年。

2. 社会效益分析

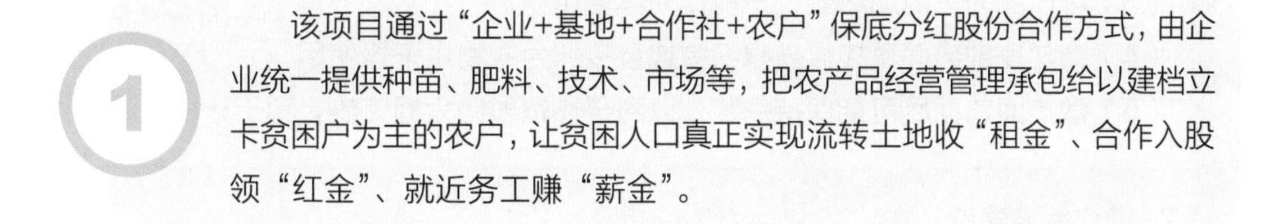

1　该项目通过“企业+基地+合作社+农户”保底分红股份合作方式，由企业统一提供种苗、肥料、技术、市场等，把农产品经营管理承包给以建档立卡贫困户为主的农户，让贫困人口真正实现流转土地收“租金”、合作入股领“红金”、就近务工赚“薪金”。

2　项目中的“水上农家乐园”通过打造丛林、草坪、田园、采摘等原生态绿色园区，建有充气水上滑梯、水上浮具、水上古渡等娱乐设施，成为集热带风景观光、有机绿培育、名贵花卉展示、生态餐饮娱乐为一体的大型综合活动中心，取得了可观的经济效益和社会效益。

3　项目每年可减少燃煤消耗 2600 吨，将减排二氧化碳 6760 吨、二氧化硫 22 吨、氮氧化物 19 吨。

五、推广建议

1. 经验总结

项目主要亮点

该电气化大棚位于河北北部，日夜温差较大，电磁变频超导加热设备可精确控制温度，对植物培养有很大的优势。作物栽培中有很多生产环节需要大量的重复化操作，大部分可以实现自动化，从而节省人工成本，提高生产效率。精准的环境温控还可以栽培一些露天无法栽培的作物品种。

注意事项及完善建议

（1）大棚应具备合理的通风保温措施，减少室内热量的散失或剧增，有效控制采暖系统运行的成本。

（2）温控过程中注意加强安全巡视，每周定期检查供暖设备。

（3）本产品为室内加热器，不能作为其他用途。

（4）请勿在散热面直接覆盖棉织物或直接作为衣物烘干器使用。

（5）散热面前面尽可能保持空旷，以利于热辐射向大棚传热，利于环境升温。

2. 推广策略建议

（1）可适用于对温度控制精度要求较高的蔬菜等农作物的培育场所。

（2）在农作物培育市场应用前景广阔。

（3）健康舒适，非常适合现代家庭及中小型企事业单位。与其他同类取暖设备相比，对温室大棚、林木苗圃的越冬优势更加明显。

（4）采用大棚电动卷帘装置、自动水培技术，节省人工单一化操作，省工省力。

案例 11
江苏省泰州市粮食空气源热泵电烘干项目

一、项目基本情况

江苏省泰州市某农业合作社是专业的粮食烘干中心，为周边村镇广大农民提供粮食集中烘干服务。原有燃煤粮食烘干设备 9 台，采用燃煤炉作为热源，每年消耗燃煤 1050 吨，购煤成本达 94 万元，燃料支出成本较高，并在粮食烘干过程中排放出大量的二氧化碳、二氧化硫、粉尘等有害物质，造成周边环境污染。2019 年，合作社使用的燃煤烘干设备被纳入泰州市“两减六治三提升”加强散煤治理的范畴，用户面临着设备清洁化改造或者关停的选择。

二、技术方案

1. 方案比较

近两年，随着新农村建设的逐步推进和政府三农问题的日益关注，中央和地方财政对农业的发展支持力度越来越大，补贴范围也越来越广。2017 年，中央文件明确提出“质量兴农”，推进农业的绿色发展。农产品干燥作为农业发展的重要环节越来越受到重视，烘干设备被纳入农机补贴范围，空气源热泵烘干也迎来了良好的发展机遇。同时，空气源热泵粮食电烘干技术与传统的燃煤、燃油等传统粮食烘干技术相比，具有经济、环保、节能、安全等诸多优势。

各类型能源经济性比较见表 1。

表 1　　各类型能源经济性比较

技术类型	空气源热泵	燃煤	燃油	生物质	天然气	纯电加热
能源类型	电能	煤炭	0 号柴油	生物质燃料	天然气	电能
需要热量	83.8 万千焦	83.8 万千焦	83.8 万千焦	83.8 万千焦	83.8 万千焦	83.8 万千焦

续表

技术类型	空气源热泵	燃煤	燃油	生物质	天然气	纯电加热
能源热值	0.36 万千焦/千瓦时	2.30 万千焦/千克	4.53 万千焦/升	1.89 万千焦/千克	3.56 万千焦/立方米	0.36 万千焦/千瓦时
热效率	300%以上	65%	85%	80%	90%	95%
能耗	70 千瓦时	55. 9 千克	21.8 升	55.6 千克	26.1 立方米	244.8 千瓦时
能源单价	0.499 元/千瓦时	0.9 元/千克	5.8 元/升	0.85 元/千克	3.2 元/立方米	0.499 元/千瓦时
用能成本（元）	34.9	50.3	126.4	47.3	83.5	122.2
人工费用（万元）	0	2	2	2	2	0

注　表中数据以 30%含水率混粮降至 13.5%的 1 吨干粮计算所得。

通过表 1 可以看出，空气源热泵在各类型烘干热源中的用能成本最低，具备显著的技术优势。同时，采用空气源热泵电烘干方案与其他能源烘干方案相比，具有以下优越性：

高效节能

产生热风中的热能来源于周围环境空气中潜藏的热量，能效比（COP）高达 3 以上，产出热量是消耗电能的 3～4 倍，较燃油烘干节能 80%，较燃煤烘干节能 60%。

温控精准

空气能热泵出风温度最高不超过 60 摄氏度，高低温差不超过 3 摄氏度，温度和水分控制比较精确，粮食干燥度比较均匀。

清洁环保

实现了污染物零排放，对大气、水源、土壤无任何污染。

安全稳定

与燃煤（油）烘干技术相比，无需燃料，无燃烧明火，不易产生火灾，安全性能好。

环境改善

改善了广大农民的生产和生活环境，缓解了与周边农民的矛盾。

节约用地

设备结构紧凑，质量轻、占地面积小，可安装于塔体附近或厂房外。

因此，通过综合对比，采用空气源热泵电烘干方案。

2. 方案简述

该项目采用空气源热泵机组来代替燃煤（油）热风炉产生热风，为粮食烘干塔提供热源。建设 9 套粮食电烘干成套设备，包含 9 台 16 吨的烘干机和 9 台 36 匹的空气源热泵设备，总用电功率 450 千瓦。项目生产车间如图 1 所示。

图 1　项目生产车间

空气源热泵机组采用电动机驱动，主要零部件包括用热侧换热设备、热源侧换热设备及压缩机等。空气源热泵型热风机原理图如图 2 所示。利用逆卡诺原理，将环境空气中的热量作为低温热源，经过冷凝器或蒸发器进行热交换来收集热量，然后通过循环系统，将热量转移到粮食烘干塔内，达到烘干粮食的目的。

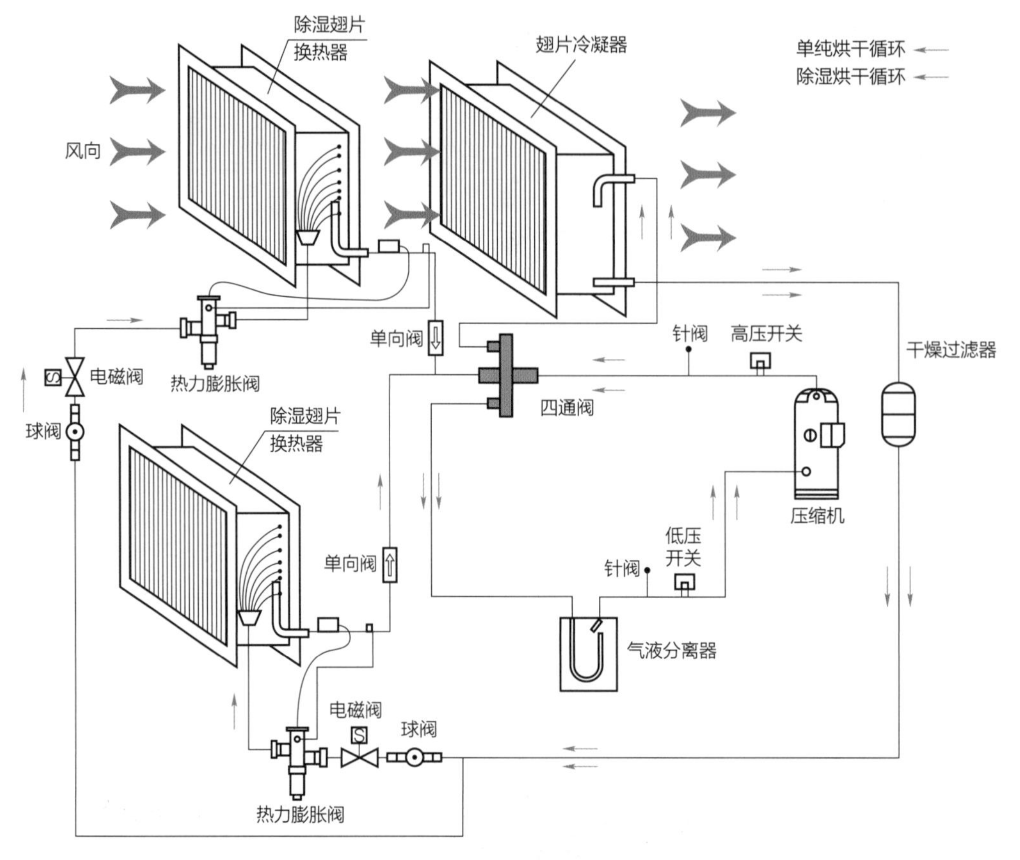

图 2 空气源热泵型热风机原理图

三、项目实施及运营

1. 投资模式及项目建设

（1）投资模式。该项目配电增容部分由该农业合作社投资建设，针对该项目增容引起的配套电网建设，由供电公司出资建设。

（2）项目建设。该项目的空气源热泵粮食电烘干设施及安装由合作社自行投资建设，项目建成后由该合作社自行运营，收取粮食烘干服务费，设备厂商负责设备的常规维护及修理等售后服务，供电公司对项目进行不定期巡视，与用户常态化沟通烘干情况，了解粮食烘干的数量及烘干成本，并全力保障相关用电设施的安全。

（3）补贴方面。该项目享受到了江苏省农机局针对空气源热泵粮食电烘干设备 2 万元/台的补贴以及泰州市政府针对空气源热泵粮食电烘干设备 4 万元/台的专项补贴，补贴合计 6 万元/台，共计补贴 54 万元。补贴金额占空气源热泵烘干设施总投资的 70%，大大降低了空气源热泵热风机组的一次性购置成本。

该项目总投资 99.4 万元，其中空气源热泵粮食电烘干设施 77.4 万元，配电房增容费用 22 万元，在享受 54 万元补贴后，实际投资 45.4 万元。

2. 项目实施流程

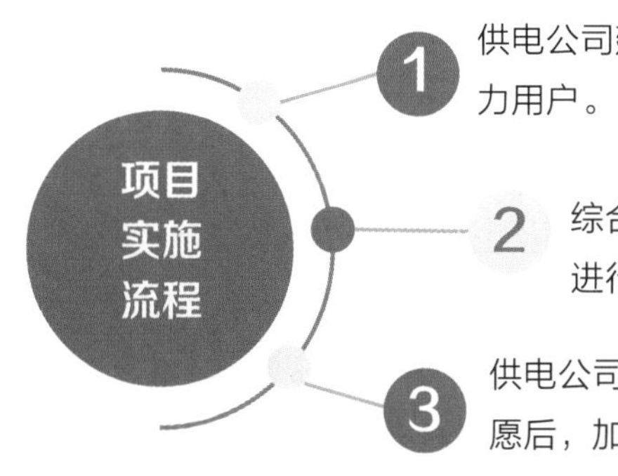

供电公司建立电能替代专项工作机制，主动开展市场调研，定位潜力用户。

综合能源公司开展技术上门服务工作，对潜力用户现场勘查，进行可行性分析及方案编制。

供电公司主动对接用户，为用户优化供电方案，确定用户改造意愿后，加快开展业扩报装、配套电网建设等工作，用户自主完成空气源热泵电烘干设施安装、调试、投运，完成替代方案实施。

四、项目效益分析

1. 经济效益分析

（1）运营成本低。使用空气源热泵电烘干运营成本低，显著降低了企业的用能成本，同时也降低了农民的负担。根据实际对比测试，空气源热泵的用能成本约为燃煤的 47.67%，约为燃油用能成本的 22.51%，约为天然气用能成本的 42.86%，约为生物质用能成本的 31.64%。

（2）投资收益。通过采用空气源热泵粮食电烘干设施降低用能支出，每年可收益 12 万元，4 年即可收回成本。

2. 社会效益分析

1 环保效益

空气源热泵粮食电烘干技术完全采用电能制热来烘干粮食，实现了污染物零排放，对大气、水源、土壤无污染，有利于大气污染防治和环境保护。该项目建成后可年减少排放二氧化碳 2730 吨、二氧化硫 8.9 吨、氮氧化物 7.8 吨。

2 品质提升效益

采用空气源热泵电烘干，出风温度最高不超过 60 摄氏度，一般为 45 摄氏度左右，高低温差不超过 3 摄氏度，温度和水分控制精确、粮食干燥度比较均匀，谷物爆腰率明显降低，同时其产生的热风为零污染，烘干后的粮食食用安全，品质较高，产品附加值高。空气源热泵电烘干采用电脑全自动化控制，无须人工 24 小时值守，改善了工作人员的生产环境，且不会排放粉尘、废气等有害物质，不会对周边农村居民的正常生活产生影响。

3 产业发展及技术标准效益

国网江苏省电力公司联合省环保厅、省经信委、省农机管理局等相关政府部门、院校及社会科研机构在泰州召开了江苏省空气源热泵粮食电烘干技术推广现场会，各政府主管部门对电力公司将空气源热泵技术应用到粮食烘干领域给予了高度肯定，并提出高校、相关热泵厂商及社会科研机构要加强空气源热泵电烘干设施的技术研发，突破现存的技术短板，制定行业标准，解决冬季低温结霜等问题，进一步提高设备烘干效率，降低农民粮食烘干成本。

4 安全效益

与传统的燃煤（油）烘干技术相比，无需燃料，无燃烧明火，不易产生火灾，安全性能好，大大减少了农村地区产生火灾等事故的发生率。

5 示范引领效应

国网泰州供电公司深入贯彻落实国家乡村振兴战略的精神，在全省率先推动地方政府出台了针对粮食电烘干设施建设的专项补贴政策，对符合条件的空气源热泵烘干设施每台补贴 4 万元，极大地推进了全市粮食电烘干设施的建设力度，也大大降低了农民的一次性购置费用。

五、推广建议

1. 经验总结

项目主要亮点

将采暖领域成熟的空气源热泵技术创新拓展到粮食烘干领域，将空气源热泵作为烘干热源与烘干机进行配合使用，实现了电能替代新领域的创新应用。在实际推广机制创新上，促请泰州市政府出台了补贴政策（对空气源热泵粮食电烘干设备 4 万元/台的专项补贴）。

注意事项及完善建议

（1）空气源热泵粮食电烘干由于初期投资成本较高，且一般还需增设专用变压器或将原有专用变压器增容，增加了用户改造成本，建议由综合能源服务公司采用合同能源管理、变压器设备租赁等方式参与项目的实施及运营。

（2）由于烘干房内灰尘一般较多，且烘干过程中会产生大量粉尘，空气源热泵热风炉安装地点应尽量与烘干塔分开摆放，并做好除尘工作，避免空气源热泵进气口进灰堵塞，造成设备损坏及效率下降。

2. 推广策略建议

（1）建议环保部门将农村燃煤、燃油等高污染粮食烘干设备纳入大气污染防治工作整治范畴。针对今后新建烘干项目，禁止使用燃煤、燃油作为烘干源，针对已投运烘干项目，统筹规划淘汰计划，鼓励清洁能源替代，分步实施。

（2）用户在空气源热泵设备性能、价格、售后等方面仍存在横向对比的难点，建议农机部门择优选取全国优质空气源热泵生产厂商，对设备质量、售后进行监管。

（3）空气源热泵在粮食烘干领域应用在技术层面还有待进一步优化。建议农机部门积极促成地方烘干机设备厂商与空气源热泵生产厂商、高校等科研机构开展技术合作，从技术层面上进一步优化除霜、除尘等技术难题，加大科技研发力度，加快设备的更新换代，进一步降低生产成本，让利于农。

（4）充分利用省级智慧能源服务平台，运用互联网思维，打造“共享替代”板块，将各粮食电烘干服务中心、空气源热泵粮食电烘干设备厂商入驻平台，方便农户查找粮食烘干点并进行对接，有效解决农户和粮食烘干企业之间信息不对等、沟通不顺畅以及电烘干设施认知度低等问题，提升电烘干设施的实际使用率，构建绿色、高效、优质的粮食电烘干应用推广生态圈，进一步推动粮食电烘干的普及。

案例 12
浙江省湖州市粮食空气源热泵电烘干项目

一、项目基本情况

湖州某粮油公司位于湖州市南浔区，为浙江省粮食安全应急保供重点企业，主要从事粮食收购、初加工，年加工销售粮食 6 万余吨。目前该公司粮食烘干设备采用稻壳和生物质燃料作为热源，烘干过程中会产生大量废气，造成环境污染。随着国家对环境保护力度的不断增强，环保部门已明确要求此类设备限期关停，寻求清洁能源替代势在必行。空气源热泵电烘干是一种根据逆卡诺循环原理，利用空气能量，通过热泵制热，为粮食烘干提供清洁高效热源的解决方案。空气源热泵电烘干技术具有能源消耗少、烘干成本低、环境污染小、烘干品质高、适用范围广等优点。

二、技术方案

1. 方案比较

原粮烘干热源可选用天然气、燃油、煤、电加热、热泵技术等。以 30 吨/批次（以稻谷容重 0.56 吨/立方米）循环式烘干机为例，基于相同环境、降水及产量等条件，分别对这五种烘干热源的烘干成本进行计算分析。设定循环式烘干机烘干能力为 30 吨/批次，外界环境温度为 15 摄氏度，烘干机干燥室温度为 50 摄氏度。按稻谷含水 28%计算，烘干到安全储粮水分 14%，稻谷每小时降水 0.5%～1.0%（开始快后期慢），平均取中间点 0.7%，每批次稻谷干燥时间为 20 小时，干燥后原粮质量为 25.1 吨。烘干机装机功率（不管采用何种热源此为固定值）为 13.45 千瓦，进粮 0.5 小时，出粮 1 小时，故每批次烘干机用电量共 289.20 千瓦时。

对不同热源成本计算数据及不同热源优、劣势进行对比，以便选择最优方案。不同热源比较见表 1。

表1　　不同热源比较

热源种类	烘干成本（元/千克）	优　势	劣　势
天然气	0.10	燃烧效率高，污染较小，成本适中，无需人员看护	（1）无天然气管道布设地区无法接入，接入成本较高。 （2）排放氮氧化物、二氧化碳等温室气体
燃油	0.14	燃烧效率高，污染相对较小	（1）成本略高，需专人看护，厂区需建设储油罐及管道。在存放干燥谷物、稻壳的环境下，火灾隐患较高。 （2）燃烧产生有害物质—苯并芘，易附着在粮食上。 （3）排放烟尘、氮氧化物、二氧化硫和二氧化碳等有害物质
煤（生物质燃料）	0.06	运行成本低	（1）环境污染大，一般禁止燃煤用于原粮烘干，目前国家已明令逐步关停。 （2）换热器很容易烧穿，会使明火进入干燥机产生火灾。 （3）温度、湿度不易控制，烘干粮食品质得不到保证
电	0.22	安全、环保，温度、湿度控制控制精确，自动化程度高，无需人员看护	运行成本高，需配置电加热器，配电容量需增加，前期投入较大
空气源热泵	0.07	环保、节能、高效，温度、湿度控制精确，自动化程度高，无需人员看护，运行成本较低，占地面积少	（1）空气源热泵机组价格较高，配电容量需增加，前期投入大。 （2）运行和使用效果易受粉尘和低温影响

从上述数据得出，燃煤与空气源热泵技术烘干成本相当，且都较低，但空气源热泵机组前期的设备费用投入高于其他几种烘干方式；电加热烘干成本最高，天然气及燃油居中，目前浙江已明令禁止建设燃煤热风炉用于原粮烘干。企业对各方案安全、易用、环保、成本、品控等方面进行了综合评估，决定采用空气源热泵电烘干设备。

2. 方案简述

企业热泵烘干塔采用连续式结构设计，采用 8 节设计，烘干风室由预热段、烘干段和冷却段组成，其中烘干段和预热段采用自调节设计。空气源热泵由蒸发器、冷凝器、压缩机、节流部件等构成，采用逆卡诺循环原理，压缩机消耗电能压缩气态制冷剂做功，利用液态制冷剂经过节流部件后在蒸发器中蒸发吸热的特性，能从空气中吸收消耗电能 2~4 倍的热量，连同压缩机做功消耗的电能一起转化为热能，通过冷凝器对空气进行加热，采用多级加热使热风温度达到烘干所需要的温度，具有高能效的特性，每消耗 1 千瓦时电能可产生 3~5 倍的热量。空气源热泵工作原理、热泵机组安装示意图、现场设备安装图如图 1~图 3 所示。

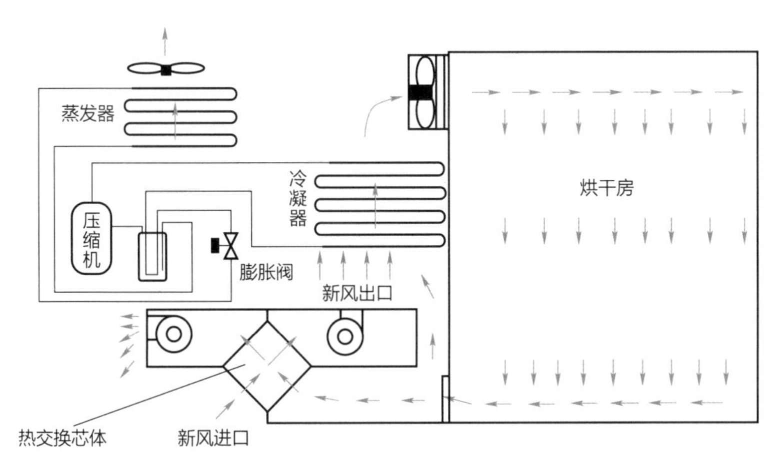

图 1　空气源热泵工作原理图

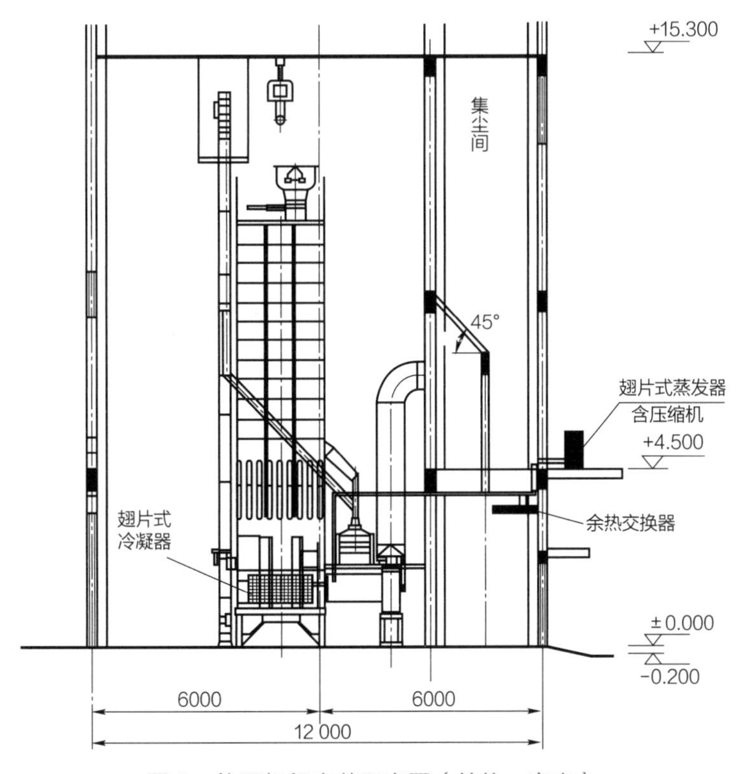

图 2　热泵机组安装示意图（单位：毫米）

图 3　现场设备安装图

企业年烘干原粮 1.5 万余吨，此方案设计烘干机烘干能力为 50 吨/批次，热泵烘干机组整机功率 960 千瓦，输送带功率 120 千瓦。

三、项目实施及运营

1. 投资模式及项目建设

（1）该项目电网接入部分涉及支线导线更换两档及加装开关一台，列入业扩配套工程，由国网湖州供电公司全部承担。

（2）该项目总投资金额为 336 万元，由企业自筹资金，其中空气源热泵机组、输送带、烘干塔、除尘室等生产设备 320 万元，配变增容施工费用进行了部分减免，由 20 万元减至 16 万元。

（3）根据浙江省农业农村厅相关文件规定，空气源热泵热风炉可获得农业设备与收获后处理机械补贴，补贴额为 1.58 万元。

2. 项目实施流程

针对粮油热泵烘干设备应用项目，国网湖州供电公司组织台区经理、配网运检人员及相关人员进行了现场勘查并制定了供电方案和外部线路改造方案，并在两周内完成了配电变压器增容和线路改造工作。

该项目本体建设周期为 2 个月，烘干塔及除尘室建造 45 天，设备安装、调试工作 15 天。目前该项目正常投入运营阶段，日烘干原粮 50 吨，运行状况良好。

四、项目效益分析

1. 经济效益分析

（1）企业年新增烘干产能 1.5 万吨，按原粮烘干后附加值增加 0.1 元/千克计，一年可增加利润 150 万元。

（2）供电企业新增售电量约 288 万千瓦时，电费约 170 万元（执行农业生产电价 0.59 元/千瓦时）。

2. 社会效益分析

1 节能减排的社会环保效益

该项目年减少燃煤消耗约 7200 吨，年减排二氧化碳 1.87 万吨、二氧化硫 61 吨、氮氧化物 53 吨。

2 企业转型升级、提质增效的经济效益

该项目的建设有利于新型烘干技术的推广和使用，极大提升了粮食的烘干效率和品质，对企业的转型升级、业务发展及区域经济起到良好的促进作用，也将带来良好的经济效益和社会综合效益。

3 生产、生活品质提升

热泵型谷物干燥机采用低温烘干，温度波动小，烘出谷物水分均匀度、爆腰率等技术指标更优。粮食中不添加污染物，烘干方法更环保，烘出的粮食口感更好，出米率高，更适合优质稻优质麦区使用。同时也适合种子烘干，比现有种子干燥机控温更准确，更能控制好发芽率。

4 安全效益

燃烧型干燥机虽然多数有换热器隔离明火，但是换热器很容易烧穿，会使明火进入干燥机产生火灾。金属长期使用会发生腐蚀，进而影响干燥机、热风炉、建筑等的使用寿命。热泵型谷物干燥机在烘干时不用燃料、不燃烧，无明火，较燃烧型干燥机来说，不易产生火灾，更安全。除了消耗电能驱动制冷机工作以外，完全没有明火，隔绝了火灾源头。

5 运行稳定，不冲击电网

热泵型干燥机设备电源采用三相五线制，具有接地保护、触电保护、短路保护、过载保护、缺错相保护、相间电压不平衡保护、制冷系统压力异常保护等多种保护措施。压缩机多级依次启动，不会冲击电网。

五、推广建议

1. 经验总结

项目主要亮点

热泵烘干技术具备省力、可控、高效、节能和减排的优异性能。热泵粮食烘干塔系统基于热泵系统的电能高效利用和烘干循环风的闭式循环进行能量回收，并且能够通过补风结构和智能控制系统充分节能和实现能量的高效控制，从而达到环保、节能、高效和精确控制粮食烘干的目的，实现粮食的高效、高质烘干。

注意事项及完善建议

热泵干燥温度会受外界温度的影响，当外界温度过低时，热泵的产热效果会降低。热泵的干燥温度主要集中在 40 ~ 80 摄氏度，对于一些可采用更高温度干燥的粮食来说，干燥效率较为低下。空气源热泵机组对周围环境要求很高，传统的粮食烘干区域空气中粉尘较多，热泵机组在运行过程中，需要不断地吸收周围的空气，空气中粉尘进入设备后会对设备的运行和使用效果产生较大的影响，所以热泵机组在使用过程中，应尽量避免粉尘对其影响。

2. 推广策略建议

（1）前期积累下的典型方案、典型造价、典型设计具有可复制性，在粮食烘干产业均可借鉴使用。

（2）携手政府部门，由政府主导，供电公司主推，持续开展热泵型烘干机的推广工作，加大政策支持及财政补贴力度，促进新型烘干技术的尽快普及。

（3）将热泵技术与其他干燥技术进行组合，将各技术的优点结合起来，提高热泵干燥在节能和温度调控等方面的能力，极大促进新型干燥技术的提升。

案例 13
宁夏青铜峡市蔬菜电气化大棚项目

一、项目基本情况

宁夏青铜峡市某蔬菜大棚是私人企业在政府支持下建设的一项民生项目，该项目因地制宜，综合利用自然、社会、农业资源，实施农业电气化生产。该项目有规格为100 米×6 米温室大棚 20 个，总面积达 1.2 万平方米，如采用燃煤给大棚加温，年均耗煤量超 300 吨，且燃煤供暖锅炉维修费用成本较高，自动化程度低、人工成本高。国网青铜峡供电公司协助当地企业进行电气化改造，在蔬菜大棚内安装电磁空气加热器进行温室加热。

二、技术方案

1. 方案比较

方案一：中央空调。优点：外形美观，操控简单，能够实现多个温棚的温度操控，适用于面积较大的低密度住宅与办公场所。缺点：前期投入大且运行费用较高，耗电量大，不同蔬菜大棚对于温度的需求不同，很难实现每个大棚的温度精确控制。

方案二：电磁空气加热器。

（1）能提高烘箱的加热速度和热效率，高效节能。

（2）与传统加热方式不同，电磁空气加热器可自身发热，无明火，加热速度快，预热时间短。

（3）热转化率特别高，最高可达到 95%以上。

（4）具有自动控温功能，构造紧凑，设备质量轻，体积小，设备生产制造成本低，使用寿命长，无需频繁检修维护，适合长时间连续使用，经试验连续无故障时间可达 5 万小时。

（5）生产工作过程中不会排放烟尘和一氧化碳等废气，避免了室内取暖时人、畜一氧化碳中毒的可能性，使用过程环保卫生，不会造成环境污染，适用于循环空气采暖与物料烘干，如室内、蔬菜大棚和花卉大棚室的加温采暖、农产品的烘干。

缺点：安装要求较高，后期维护成本较高。

由于农产品种植业对于温度的控制精确度和独立性要求较高，施工时间不宜过长，且材料必须环保无害，因此选择方案二电磁空气加热器。

2. 方案简述

主要应用电磁加热技术使加热体自身快速发热，并且可以根据具体情况在发热筒体外部包裹一定的隔热保温材料，这样就大大减少了热量的散失，提高了热效率，因此相对加热圈节电率可达 30%～80%。电磁空气加热器由 10 千伏电源供电，将电能转化为高温热能。当用热时，由 0.4 千伏电源引入控制系统控制柜和风机控制柜，利用电磁感应原理，将电能转换为磁热能的加热器在控制器内由整流电路将 50/60 赫兹的交流电变成直流电，再经过控制电路将直流电转换成频率为 20～25 千赫兹的高频电压，高速度变化的电流通过线圈会产生高速度的磁场，当磁场内部的磁力线通过金属导铁体时产生无数的小涡流，使导铁体自行高速发热，然后再将导铁体内的热量输送到加热空间达到快速制热的目的。

（1）主要技术参数。

1）设备选用型号：FJH-3 型。

2）设备选用台数：20 台。

3）设备用电负荷：低压用电负荷 10 千瓦。

4）输出功率：390 千瓦。

（2）设备配置情况。低压配电柜 10 台；20 台 10 千瓦/380 伏空气加热器。

三、项目实施及运营

1. 投资模式及项目建设

该项目配电部分由私人企业和政府共同投资；碳晶板采暖项目由私人企业和政府出资建设，承包人自主运营。

2. 项目实施流程

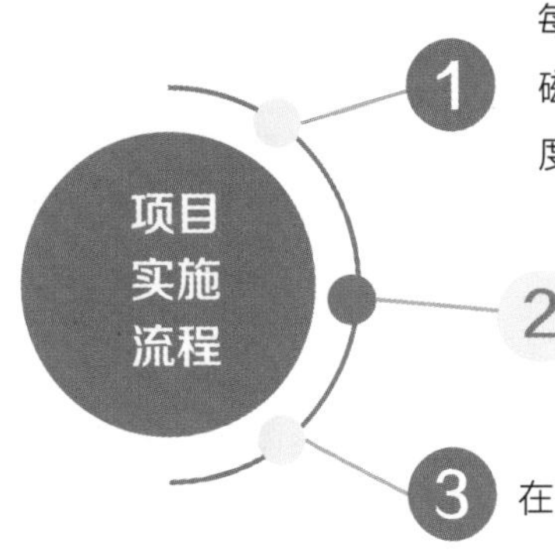

每个大棚实际供暖面积为 500 平方米，首先确定每个大棚中电磁空气加热器和温度监测装置位置并安装（包含温度控制器、温度显示器等）。

按照每个大棚种植的蔬菜的实际温度要求设定温度监测装置的温度。温度低于设定值时，自动启动电磁空气加热器，温度达到要求后自动关闭电磁空气加热器；温度过高时，自动打开卷帘机，降低大棚温度，实现温度的自动闭环控制。

在所有工作内容均完工后，开展竣工验收及设备调试工作。

温度控制器、温度显示器、电磁空气加热器、自动卷帘机如图 1～图 4 所示。

图 1　温度控制器

图 2　温度显示器

图 3　电磁空气加热器

图 4　自动卷帘机

四、项目效益分析

1. 经济效益分析

电气化大棚共配置 20 个电磁空气加热器，总投资为 40 万元，电力设施配置共计投资为 50 万元，平均每个温棚的投资为 4.5 万元。

供暖用能总量为 3600 千瓦，电价执行农业生产电价，电费约为 1600 元/天，冬季供暖(90 天)期间的电费共计约为 14 万元，平均每个温棚供暖电费约为 7000 元，承包费用为 2000 元/年，每个温棚能够达到的经济收益约为 4 万元，承包户静态投资回收期预估为 2 年。

2. 社会效益分析

电采暖无燃烧、无废气排放，比传统燃煤采暖更安全环保；节能 75%，更省钱；智能控制，无需专人维护，节省人力及人工维护成本。可以在零下 25 摄氏度的超低温环境下稳定制热，不仅是北方“煤改电”的最佳解决方式，也是农业温室大棚采暖的好办法。

该项目不仅会节约大量经济成本，还会带来良好的社会效益，年耗煤量减少 300 吨，将减排二氧化碳 786 吨、二氧化硫 2.55 吨、氮氧化物 2.22 吨。

五、推广建议

1. 经验总结

项目主要亮点

（1）低运行成本是电磁空气加热器最大的优点。电磁空气加热器是非常理想的燃煤炉替换品，无环保压力，运行费用比传统电锅炉可降低 40%～50%，在低谷电政策执行较好的地区，该项目运行成本无限贴近燃煤锅炉。

（2）按需提供，热效率高。因使用清洁能源，运行无污染，符合国家环保要求，不产生噪声污染，可实现所在地区污染物零排放，环保意义大。

（3）全自动运行，无需专人操作，只需配备巡检人员即可。

注意事项及完善建议

（1）采暖温棚应具备合理的保温措施，减少室内热量的散失，有效控制采暖系统运行成本。

（2）电磁空气加热器不宜在过度潮湿环境中使用。在停用季节应每个月通电一次，时间不低于 20 分钟，以使设备保持干燥。

（3）请勿在散热面直接覆盖棉织物或直接作为衣物烘干器使用。

2. 推广策略建议

（1）可适用于对温度控制精度要求较高的蔬菜等农作物的培育场所。

（2）在农作物培育市场应用前景广阔。

（3）健康舒适，非常适合现代家庭及中小型企事业单位。与其他同类取暖设备相比，对温室大棚、林木苗圃的越冬优势更加明显。

案例 14
新疆生产建设兵团农场棉花电烘干项目

一、项目基本情况

新疆生产建设兵团某农场主要以棉花种植采收为主，棉花种植面积达到 423 平方千米，每年的 10～12 月为棉花采摘和皮面加工时期，辖区内有大型轧花企业达 13 家，棉花收购达到 7.5 万吨。为积极响应自治区推广“电气化新疆”的号召，该农场携手棉麻企业实施电能替代，改变传统燃煤锅炉方式，推动农场棉花电烘干项目实施落地。

二、技术方案

1. 方案比较

方案一：传统燃煤锅炉。优点：燃煤成本较低，技术改造门槛和费用较低，企业初始投资较少。缺点：产生废气废渣较多，且大部分棉麻企业位于人口密集区，严重影响空气质量，锅炉需长期专人看守并不断送煤，热效率低。

方案二：电锅炉加热烘干。农场棉麻企业通过改进棉花加工工艺流程，在源端加装电锅炉，产生热风来烘干棉花。此次节能改造，既不需要新建生产用房，同时还因电锅炉的智能化、自动化，棉麻企业可节省原有三班倒制人员 4 人。

经综合考虑，该农场选择方案二电锅炉加热烘干，该方案为改造方案，传统燃煤锅炉、电锅炉分析雷达图如图 1、图 2 所示。

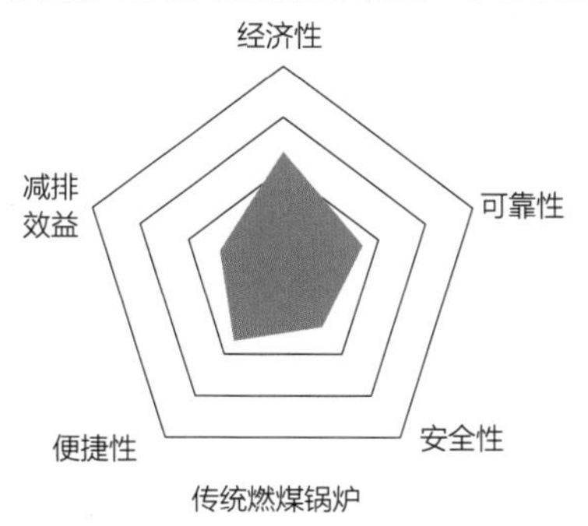

图 1　传统燃煤锅炉分析雷达图

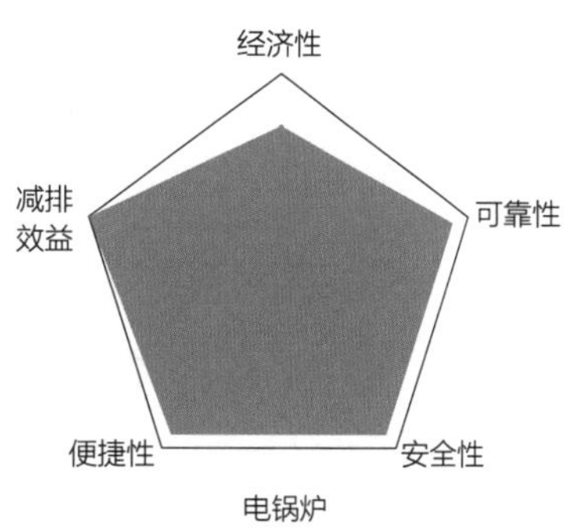

图 2　电锅炉分析雷达图

2. 方案简述

国网新湖供电公司协助农场政府对 6 家棉麻企业实施棉花生产电气化改造。2019 年 9 月，在农场 6 个企业率先启动，投资建设 12 台 1440 千瓦的电导热油炉设备，以代替传统的燃煤烘干方式，为企业生产提质增效。电导热油炉设备如图 3 所示。

图 3　电导热油炉设备

电导热油炉受热面结构紧凑，受热面由内、中、外密排的圆盘管构成，内盘管为辐射受热面，中、外盘管与内盘管的外表面构成对流受热面。电加热后，经辐射受热棉吸收大部分热量后，高温气流进入对流受热面并进行换热。最后低温气流由锅炉烟气出口直接排出，无任何污染物排出。该锅炉热效率高，且构造独特，可保持总体热效率 80%。电导热油炉工作原理如图 4 所示。

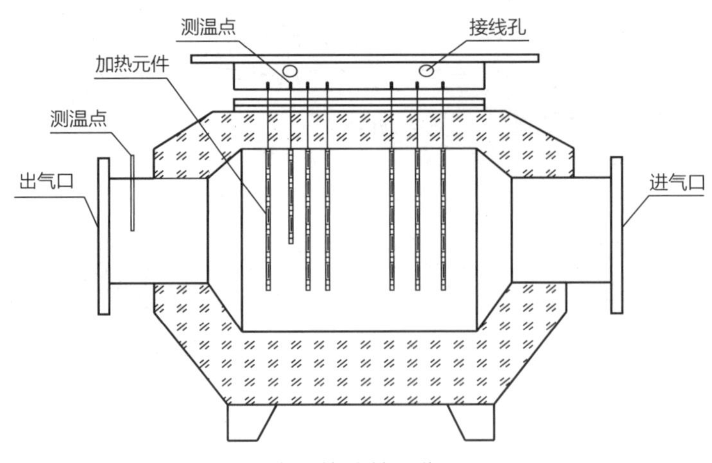

图 4　电导热油炉工作原理

三、项目实施及运营

1. 投资模式及项目建设

该项目配电部分由棉麻企业出资改造，针对不满足用户申请容量的配电线路，产权分界点之前由国网新湖供电公司通过业扩配套项目资金进行投资改造。电导热油炉项目由棉麻公司出资建设、自主运营。

2. 项目实施流程

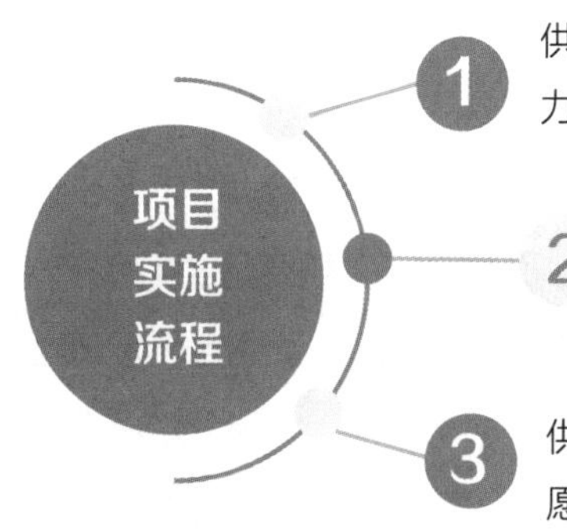

1. 供电公司建立电能替代专项工作机制，主动开展市场调研，定位潜力用户。
2. 综合能源公司开展技术上门服务工作，对潜力用户现场勘查，进行可行性分析及方案编制。
3. 供电公司主动对接用户，为用户优化供电方案，确定用户改造意愿后，加快开展业扩报装、配套电网建设等工作，用户自主完成电导热油炉加热烘干设施安装、调试、投运，完成替代方案实施。

四、项目效益分析

1. 经济效益分析

该项目共投资 2 亿元，其中变压器及相关设备投资 6000 万，电导热油炉及相关配套设备投资 1.12 亿元，供配电设施投资 2800 万。

使用电导热油炉烘干，每年新增替代电量 0.15 亿千瓦时，按现行电价 0.224 元/千瓦时，新增电费 210 万元。但减少人员维护成本 24 万，缩减加工周期 2 个月，且改造了产生污染的烘干环节，有利于清洁生产和排废减量化。加工每吨皮棉能耗为 4 万元，年能耗成本基本和改造前持平。

2. 社会效益分析

提质增效方面

虽然电烘干的整体投资较大，但一次投资多年受用，企业的产能、烘干效率大幅度提高。

环保提升方面

电烘干加工产品量大，操作简便，热效率高，能有效节省劳动力，降低人工成本提高农产品品质，年减少燃煤消耗 3.75 万吨，减排二氧化碳 9.76 万吨、二氧化硫 318 吨、氮氧化物 277 吨。

安全提升方面

烘干过程中没有污染物产生，棉花为易燃物，燃煤烘干过程中存在明火，且烘干温度和压力过高，均存在安全隐患。而电烘干温度和湿度可智能化控制，温度不会突然过高或过低，且无明火等安全隐患，人身与环境安全有所保障。

通过此次改造，该农场成为全部生产装备属于国家鼓励类、能耗优于国家同行业的棉麻轧花企业，在新疆生产建设兵团起到示范引领作用。

五、推广建议

1. 经验总结

项目主要亮点

在生产成本上减少人工运维及燃煤消耗，棉花轧花过程中需要消耗能量更少，并且能够更好、更有效地利用能量。企业改造后的电锅炉一方面减少了燃煤消耗；另一方面降低了生产运营成本，同时有效杜绝防火场所存在明火安全隐患，设备自动化程度高，建筑用地面积少，符合现代化企业安全、可靠运营理念，在新疆起到了示范引领作用。

注意事项及完善建议

在社会环保要求不断提升的大趋势下，清洁、低碳的生产设备更加顺应时代的变化及要求，同时占地小、自动化程度高、安全可靠性高的设备更能满足企业安全生产的行业标准。该项目能有效降低企业用能成本，建议第三方及综合能源公司应多加利用及推广。

2. 推广策略建议

自 2019 年起，新疆维吾尔自治区开启大气防治“保卫蓝天”专项行动，在新疆全范围推行低碳、清洁企业运营理念，积极鼓励地方企业改造升级，拆除高耗能、低效率的传统设备。

建议对新疆全部有燃煤环节的企业进行排查走访，特别是棉花加工企业，推广宣传电烘干技术，改造升级加工工艺，提升加工效率，减少人工运维、生产风险、加工成本等。

案例 15
浙江省舟山市登步岛水产加工电烘干项目

一、项目基本情况

浙江省舟山市登步岛共有水产烘干加工企业 16 家，主要生产方式是通过燃煤加热烘道内空气，并通过风机吹风烘干烘道内的水产品。

采用燃煤加工烘干，价格便宜，运行费用低，但自动化程度低，占地面积大，污染排放严重，在城区已全部禁用。舟山市普陀区环保部门下发整改通知书，责令全面淘汰燃煤烘干设备。

国网舟山供电公司主动走访上述企业，为企业带去一站式的全电服务方案，在满足地方环保政策要求的同时，为用户生产排忧解难、保驾护航。

二、技术方案

1. 方案比较

方案一：煤改天然气。优点：初期投资少。缺点：岛内无管道天然气，需采用气瓶运输方式，消防、安全隐患较大，运行成本高。

方案二：煤改油。优点：初期投资少。缺点：需设置油罐及供油系统，存在消防、安全隐患问题，运行成本高，且受油价波动影响大。

方案三：煤改电。优点：运行调节方便、安全，用能经济、稳定、可靠。缺点：初期投资相对较大。

煤、天然气、油和电能的运行成本比较见表 1。

表 1　　煤、天然气、油和电能的运行成本比较

热源类型	燃煤炉	燃气炉	燃油炉	电炉
能源种类	煤炭	天然气	柴油	电
热值	1.68 万千焦/千克	360 万千焦/立方米	4.27 万千焦/千克	0.36 万千焦/千瓦时

续表

热源类型	燃煤炉	燃气炉	燃油炉	电炉
能效比	90%	90%	90%	98%
维护指数	维护费用较高	维护费用很低	维护费用较低	维护费用很低
环保指数	严重污染	轻度污染	轻度污染	无污染
配套设施要求	储煤场地、煤渣储存场地、运输车辆及各类人员	配套燃气管道或储气罐	储油罐、运输车辆及司机	配套变压器及电线电缆
受政府政策影响	节能减排、减少粉尘	支持	节能减排、减少二氧化硫排放	推行峰谷电价、支持

上述几种能源单位时间的消耗量分别为：煤炭约 100 千克/小时；天然气 56 立方米/小时；柴油 40 千克/小时；电能 420 千瓦时/小时。结合舟山市能源单价：煤炭 120 元/千克；天然气 5.3 元/立方米；柴油 7.5 元/千克。推算出上述四种能源单位时间的运行成本分别为：煤炭 120 元/小时；天然气 300 元/小时；柴油 300 元/小时；电能 295 元/小时。

综合考虑用能经济性、安全性、可靠性等因素，在国网舟山供电公司的努力下，企业最终选择了以电代煤的方案三。

2. 方案简述

为了达到水产加工所需要的温度，电加热设备需 800 千瓦，风机等辅助设备需要 200 千瓦，则每户需要 1000 千瓦。登步岛如果有 10 家企业改为电加热加工，则电网供电能力需要额外增加 1 万千瓦的供电能力。登步变电站现有 2 台共 2 万千伏安变压器，2018 年最高负荷为 6.93 兆瓦，变电站有足够的供电能力。

三、项目实施及运营

1. 投资模式及项目建设

该项目属于企业产权侧，由企业投资改造，配网部分由供电企业投资建设。

2. 项目实施流程

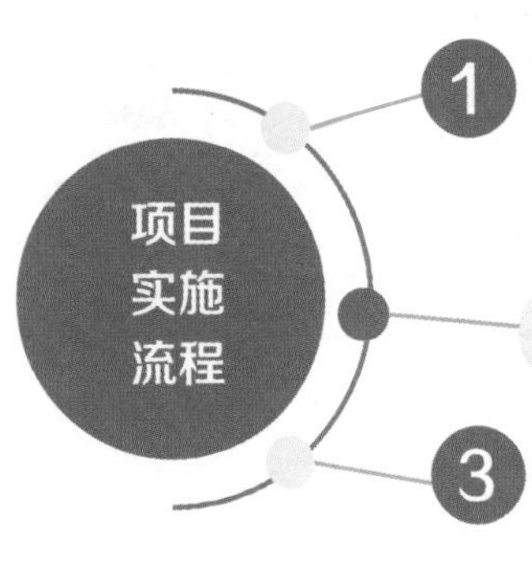

国网舟山供电公司在得知当地水产品加工企业即将全面淘汰燃煤烘干设备后，便第一时间上门主动对接企业，进行实地勘查，并多次协同政府部门，组织企业开展电能替代推进会，积极联系设备厂家，为企业寻找解决出路。

通过相关的政策宣贯、优质的增值服务，企业切身感受到电烘干的社会意义和经济效益，一致选定以电代煤的方案。

在后续的改造过程中，国网舟山供电公司积极协助企业联系设备厂家、创新延伸项目配套电网投资界面，进一步为企业缓解了初始投资压力。

四、项目效益分析

1. 经济效益分析

1 项目改造费用

企业自主投资采购电力设备 62 万元、制冷设备 3 台 60 万元、电烘干设备 4 台 200 万元，合计投入 320 万元。

2 改造前加热运行费用

燃烧生物质、燃煤加热及人工运行成本费用约 500 万元/年。

3 改造后加热运行费用

改造后，相比较燃煤燃烧生物质进行烘干，电能成本及人工运营成本大幅降低，综合测算 380 万元/年。

4 改造后，投入回报年限

320÷（500–380）=2.67（年）

实施电能替代改造后，企业可在两年半左右收回改造成本，具有较大的推广价值。

2. 社会效益分析

1 节能减排的社会环保效益

项目实施后，年替代电量约 450 万千瓦时，预计每年减排二氧化碳约 2.93 万吨，二氧化硫约 95.64 吨，氮氧化物约 83.27 吨。

2 企业转型升级、提质增效经济效益

该项目实施后，在舟山市产生了较好的典型示范效应，引起舟山地区相似水产品加工企业的兴趣与关注，预计潜在新增供电容量 8000 千伏安以上，年增售电量约 3000 万千瓦时。

3 产业发展、技术标准等效益

在市场化经济发展及企业自身节能需求的大背景下，电代煤是一种既优惠便利又符合国家长期发展趋势的用能方式，是“美丽舟山，绿色海岛”发展的必然要求。

4 安全效益

燃煤及燃生物质加工产生的烟尘未经处理直接排放，严重影响了周边居民的正常生活环境，区环保部门已发整改通知书全面淘汰燃煤烘干设备，禁止采用燃煤的方式进行烘干加工。水产品加工采用电烘干设备，可以减少燃煤燃生物质的明火风险，智能化控制面板可以智能控制温度，有效地改善了工人的工作环境，降低了现场作业安全风险。

五、推广建议

1. 经验总结

项目主要亮点

国网舟山供电公司紧紧抓住当地政府全面开展燃煤烘干设备淘汰的政策契机，主动上门服务，依托市场化服务单位——国网综合能源服务集团有限公司，为用户提供集设计、施工、采购的一站式服务方案，有效解决用户生产效益与环保政策的冲突矛盾。

国网综合能源服务集团有限公司采取的“直供到户，延伸投资界面”创新做法有效缓解了用户投资压力，在用户群体取得了较高的评价与反响，对于后续开展电能替代工作具有极大的助推作用。

注意事项及完善建议

选择最适合用户的替代方案，用最低的成本完成用户的替代改造和经济运行。

要有效解决用户的后顾之忧，切实为用户提供最优的替代方案，尽量缓解用户投资压力。

2. 推广策略建议

2017 年，当地政府全面推行淘汰燃煤烘干设备，为电能替代推广带来了绝佳的契机。本项目的成功落地，在舟山市水产品烘干行业起到了显著的示范效应。若能做到全市复制推广，舟山区域 100 多家水产品烘干企业中完成电能替代改造，年增售电量将达 1.2 亿千瓦时以上、增收电费 8400 万元。同时，也可创造约 3500 万元以上的综合能源服务潜力需求。

案例 16
陕西省延安市气调果库电制冷项目

一、项目基本情况

该项目为气调果库电制冷技术项目，该项目位于陕西省延安市洛川县老庙镇乔子村，项目占地约 2000 平方千米，建筑面积 500 平方米，建设气调库容量约 4000 立方米，设 4 个储藏间，存储能力不低于 1000 吨，项目于 2020 年 2 月开始建设，建设周期为 6 个月。

生产厂区实景、生产厂区设备如图 1、图 2 所示。

图 1　生产厂区实景

图 2　生产厂区设备

二、技术方案

1. 方案比较

气调库是当今最先进的果蔬保鲜贮藏方法之一，它在冷藏的基础上，增加气体成分调节功能，通过对贮藏环境中温度、湿度、二氧化碳、氧气浓度和乙烯浓度等条件的控制，抑制果蔬呼吸作用，延缓果蔬新陈代谢过程，更好地保持果蔬新鲜度和商品性，延长果蔬贮藏期和保鲜期。通常气调贮藏比普通冷藏可延长贮藏期 0.5 ~ 1 倍，由于气调库内储藏的果蔬，出库后需先从“休眠”状态“苏醒”，因此果蔬出库后保鲜期可延长 21 ~ 28 天，是普通冷藏库的 4 ~ 5 倍。气调果库优势见表 1。

表 1　　气调果库优势

比较类别	气调果库
经济性	年用电量 10 万千瓦时，电价为 0.508 4 元/千瓦时，用电成本 5.08 万元。年存储苹果 1200 吨，果品存储保鲜后，每千克苹果可增加收益 1 元，年增收约为 120 万元
环保性	项目建设和运行期间影响环境污染因素较少
安全可靠性	项目建设与运行均安全可靠

2. 方案简述

气调果库库体不仅具有良好的隔热性，可减少外界热量对库内温度的影响，还具有良好的气密性，可减少或消除外界空气对库内气体成分的压力，保证库内气体成分调节速度快，波动幅度小，从而提高贮藏质量，降低贮藏成本。气调果库库体主要由气密层和保温层构成，主要组成部分有围护结构、制冷系统、气调系统、控制系统、辅助性建筑。

果库测温系统示意图如图 3 所示。

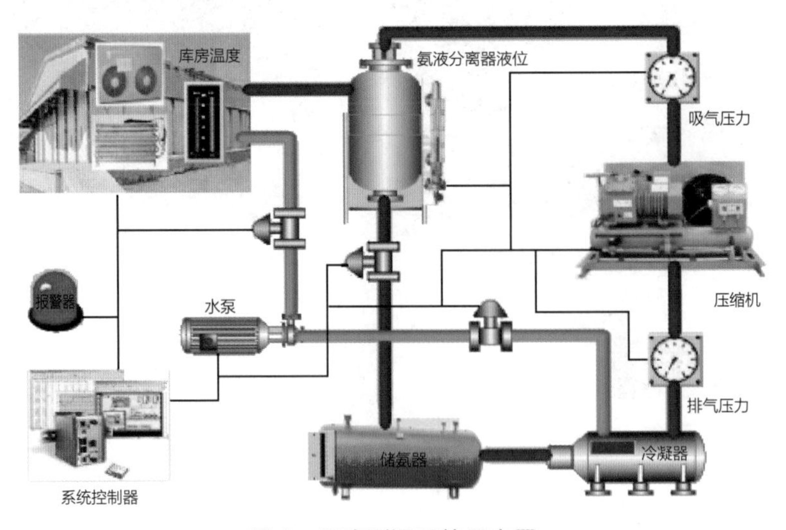

图 3　果库测温系统示意图

三、项目实施及运营

1. 投资模式及项目建设

该项目为新建项目，气调果库所需设备、10 千伏专用变压器及配电设施全部由该企业采购并进行投资建设。项目所有设备采购及建设施工总计资金投入 260 万元，其中内部配套电网资金投入 20 万元，果库主设备采购、项目施工及其他费用共计投入 240 万元。项目新装 250 千伏安的 10 千伏专用变压器 1 台，新建高低压线路共计 1.2 千米，配套电网投入 20 万元，由企业承担全部投资费用。

2. 项目实施流程

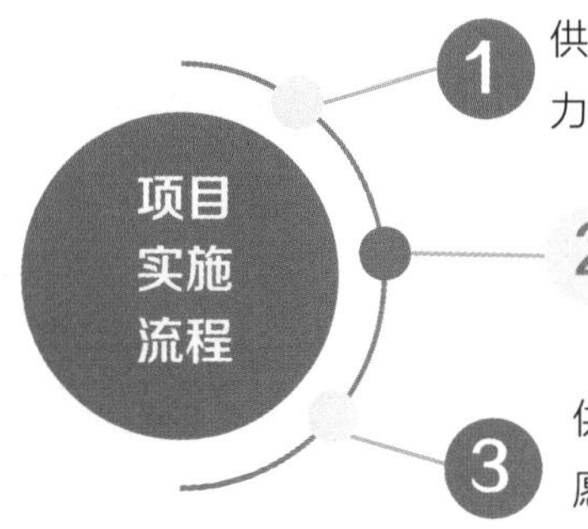

1. 供电公司建立电能替代专项工作机制，主动开展市场调研，定位潜力用户。

2. 综合能源公司开展技术上门服务工作，对潜力用户现场勘查，进行可行性分析及方案编制。

3. 供电公司主动对接用户，为用户优化供电方案，确定用户改造意愿后，加快开展业扩报装等工作，用户自主完成气调果库所需制冷设备、专用变压器及配电设施的采购、安装、调试及投运，完成替代方案实施。

四、项目效益分析

1. 经济效益分析

该项目累计资金投入 260 万元，在 30 年全寿命周期内，每年项目设备投入成本约 8.7 万元。项目投产后年用电量约 10 万千瓦时，电费成本约 5 万元，年运行维护成本 3 万元，因此，项目全寿命周期内每年资金总投入约 16 万元。

项目投产后果品储藏周转率约 120%，年存储苹果 1200 吨，每公斤苹果可增加收益 1 元，年增收约 120 万元。项目投资回收期约 2.5 年，项目全寿命周期内预计收益约 2860 万元。

2. 社会效益分析

项目投产后可年存储果蔬 1200 吨，可有效保持果蔬新鲜度、延长果蔬贮藏期，可为广大消费者提供新鲜的反季节果品，有利于改善城乡居民膳食结构、提高全民身体素质。

五、推广建议

1. 经验总结

项目主要亮点

该项目实施可有效提高各种果品及蔬菜的保鲜程度，提高各类果蔬产品的经济价值，同时适用于所有农业果蔬生产区域，也适用于城乡结合部位的城市果蔬配送区域。

注意事项及完善建议

项目实施需专业设备厂家技术人员参与，后期运维也需要专业培训，建议项目实施可委托国网综合能源公司进行整体设备采购、安装施工、设备调试运维。

2. 推广策略建议

（1）提炼推广的适用条件。项目适用于所有从事果蔬等农产品生产销售农户及企业，适用区域较广。同时适合农业合作社自建自用，也适合商业投资经营，因此推行面较广。

（2）明确推广目标用户市场。目前从事农业果蔬生产销售的区域较多，推广本项目用户市场较为广阔，延安是国内苹果生产的重要基地，全市苹果年产量 100 多万吨，果品存储需求量较大，因此本项目的推广用户市场份额较大。

（3）提出推广策略建议等。本项目的推广应着力于农业果蔬种植区域及农业合作社，可联合用户需求向政府申请资金补贴政策。